高等学校测绘工程系列教材

数字测图实验实习指导

王颖 连达军 严勇 编

WUHAN UNIVERSITY PRESS
武汉大学出版社

图书在版编目(CIP)数据

数字测图实验实习指导 / 王颖,连达军,严勇编. -- 武汉：武汉大学出版社,2025.2. -- 高等学校测绘工程系列教材. -- ISBN 978-7-307-24707-9

Ⅰ.P283.7

中国国家版本馆 CIP 数据核字第 2024TN4020 号

责任编辑:鲍　玲　　　责任校对:鄢春梅　　　版式设计:马　佳

出版发行：**武汉大学出版社**　　（430072　武昌　珞珈山）

（电子邮箱:cbs22@whu.edu.cn　网址:www.wdp.com.cn）

印刷:武汉中远印务有限公司

开本:787×1092　　1/16　　印张:10.25　　字数:234 千字

版次:2025 年 2 月第 1 版　　2025 年 2 月第 1 次印刷

ISBN 978-7-307-24707-9　　　定价:39.00 元

前　　言

　　《数字测图实验实习指导》是"测量学""数字测图原理与方法""数字地形测量学"等相关课程的配套辅助实习教材，是测绘类及相关专业测量基础课程实践性教学环节重要的指导性教学资料。本书是在我校（苏州科技大学）测绘工程及相关专业多年实践教学的基础上编写而成的，既可以作为课堂实验的教材使用，也可以作为集中实习的指导书。目的是培养学生的基本测绘技能，进一步提高其理论与实践相结合、分析问题与解决问题以及实际操作的能力。

　　本教材内容包含四大部分。第一部分为数字测图实验与实习须知，主要对实验实习准备工作、测量仪器、数据记录计算的相关规定进行了详细说明；第二部分主要介绍数字测图的基本实验、工程测量实验、数字测图内业处理方法等，共设计了 21 个典型实验；第三部分是数字测图综合实习，包括准备工作、技术设计、控制测量、碎部测量、数据处理和技术报告编制等内容，按照实际工程实施模式进行设计；第四部分是附录，给出了实验与实习会用到的原始数据记录表格、内业计算表格、技术报告等参考模板，方便教学使用。本书的读者对象为测绘工程专业本科生，其他开设本课程的专业可根据需要选择本书作为相关的实验教材和实习指导书。

　　本教材第 1 章、第 2 章及第 5 章由王颖老师编写；第 3 章由连达军老师编写；第 4 章及附录由严勇老师编写。本书由王颖担任主编，连达军担任副主编，全书由王颖统稿。在本书编写过程中，得到武汉大学花向红教授的大力支持以及全国诸多院校同行的建议，在此表示衷心的感谢！

　　由于编者水平有限，书中疏漏和错误之处在所难免，恳请读者批评指正。

本书编者

2024 年 7 月

目　　录

第1章　数字测图实验与实习须知

1.1　实验与实习目的及要求

1.1.1　实验与实习目的及意义

数字测图是一门技术性很强的专业基础课，既有丰富的测绘理论，又有大量的实际操作技术，是测绘工程专业、地理信息科学专业的必修课。

数字测图实验与实习主要培养学生掌握测量工作的基本流程和仪器操作技能，是整个教学过程中必不可少的组成部分，是理论联系实际的具体体现。通过实验与实习，可以促进学生对理论知识的二次理解，解决理论教学中没有解决的一些问题，也能让学生获得感性认识，提高他们的动手能力和解决实际问题能力，对进一步提高教学质量具有重要的意义，帮助学生将课堂教学中掌握的单个知识点通过具体的实验与实习任务联系起来，形成知识体系。

1.1.2　实验课的一般要求

1. 上课须知

1）准备工作

（1）上课前，应阅读本任务书中相应的部分，明确实验的内容和要求。

（2）根据实验内容阅读配套教材《数字测图与工程测量学》中的有关章节，弄清基本概念和方法，确保实验能顺利完成。

（3）按任务书中的要求，于上课前准备好必备的工具与证件，如铅笔、小刀、学生证等。

2）要求

（1）遵守课堂纪律，注意聆听指导教师的讲解。

（2）实验中的具体操作应按任务书的规定进行，如遇问题要及时向指导教师提出。

（3）实验中出现的仪器故障必须及时向指导教师报告，不可随意自行处理。

2. 仪器及工具借用方法

（1）以实验小组为单位借用测量仪器和工具，按小组编号在指定地点凭学生证向实验室管理人员办理借用手续。

（2）借领时，各组依次进入室内，在指定地点清点、检查仪器和工具，然后在登记表上填写班级、组号及日期。借领人签名后将登记表及学生证交给管理人员。

（3）实验过程中，各组应妥善保护仪器、工具。各组间不得任意调换仪器、工具。若有损坏或遗失，应写出书面报告说明情况并进行登记，如需承担赔偿责任应按相关规定执行。

（4）实验完毕后，应将所借用的仪器、工具上的污迹清除干净再交还实验室，由管理人员检查验收后发还学生证。

1.1.3　实习的一般要求

（1）在实习前，应复习配套教材《数字测图与工程测量学》中的相关内容，认真仔细地预习实习指导书，明确实习目的、要求、方法步骤及注意事项，以保证按时完成实习内容。

（2）实习分小组进行，组长负责组织和协调实习工作。实习过程中，各组组长应切实负责，合理安排小组工作，控制实习进度与质量及进行仪器的管理等。小组成员之间以及与其他小组之间应互相团结、互相帮助，遇到事情互相协商，解决不了的问题及时和指导教师联系。

（3）绝对保证人身和仪器安全。实习过程中人员不得离开仪器，要指定专人看护。每次出工和收工都要按仪器清单清点仪器和工具数量，检查仪器和工具是否完好，造成仪器损坏者，须照价赔偿，并给予相应的处分。实习过程中每位同学在行走、作业、测绘时，一定要注意车辆、行人、沟坎、电线等，加强自我保护意识。

（4）严格遵守实习纪律。实习期间，注意集体行动，个人外出一定要请假，小组长要写好每天的出勤和实习情况的记录。应将实习和课堂上课同等对待，严格遵守纪律和学校各项规章制度，不得无故缺席、迟到或早退；不得擅自改变地点或离开现场。在测站上，不得嬉戏打闹和玩电子游戏；不看与实习无关的书籍或报纸。

（5）实习过程中要遵循测量工作的一般原则，按"从整体到局部""先控制后碎部""由高级到低级"展开作业，并做到步步检核，以防止误差积累，并及时发现错误，从而提高测量效率。

（6）全站仪、水准仪等都是精密电子产品，使用过程中要注意爱护，注意仪器的防晒、防雨、防撞。

（7）所有观测数据必须直接记录在规定的手簿中，不得使用任何其他纸张记录再行转抄。做手簿记录时，严禁擦拭、涂改，确保不伪造成果。实习结束时，应提交书写工整且规范的实习报告和实习记录，经实习指导教师审阅同意后，才可交还仪器工具，结束实习工作。

1.2　测量仪器的使用规则

测量仪器是光、机、电一体化贵重设备。对仪器的正确使用、精心爱护和科学保养，是测量人员必须具备的素质，也是保证测量成果的质量，提高工作效率的必要条件。在使用测量仪器时应养成良好的工作习惯，严格遵守以下各项规则。

1.2.1　领取仪器时必需的检查

（1）检查仪器箱盖是否关妥、锁好。

（2）检查背带、提手是否牢固。

（3）检查脚架与仪器是否相配，脚架各部分是否完好，脚架腿伸缩处的连接螺旋是否滑丝。要防止因脚架未架牢而摔坏仪器，或因脚架不稳而影响作业的情况发生。如有缺损，可以报告实验室管理员协商补领或更换。

1.2.2　打开仪器箱时的注意事项

（1）仪器箱应平放在地面上或其他台子上才能开箱，严禁托在手上或抱在怀里开箱，以免将仪器摔坏。

（2）开箱后，在未取出仪器前，应注意观察仪器安放在仪器箱中的位置和方向，以免仪器在用完之后装箱时因安放位置不正确而受到损伤。

1.2.3　自箱内取出仪器时的注意事项

（1）不论何种仪器，在取出前一定先松开制动螺旋，以免取出仪器时因强行扭转而损坏微动装置，甚至损坏轴系。

（2）从箱内取出仪器时，应一只手握住照准部支架或提手，另一只手扶住基座部分，轻拿轻放，不要只用一只手拿仪器。

（3）从箱内取出仪器后，应随即关闭箱盖，以免沙土、杂草等进入箱内。

（4）仪器在取出和使用过程中，要注意避免触摸仪器的目镜、物镜，以免沾污镜面，影响成像质量。不允许用手指或手帕等擦拭仪器的目镜、物镜等光学构造，以免损坏镜头上的药膜。

1.2.4　架设仪器时的注意事项

（1）抽出伸缩式脚架三条腿后，要把固定螺旋拧紧，但不可用力过猛而造成螺旋滑丝。要防止因螺旋未拧紧而使脚架自行收缩最终摔坏仪器。三条腿拉出的长度要适中。

（2）架设脚架时，三条腿分开的角度要适中，如果角度过大容易滑开，同时影响观测，如果角度太小则导致架设不稳定，容易被碰倒。若在斜坡上架设仪器，应使两条腿在坡下（可稍放长），一条腿在坡上（可稍放短）；如果在光滑地面上架设仪器，要用绳子将脚架三条腿连接起来，防止脚架滑动摔坏仪器。

（3）在脚架安放稳妥并将仪器放到脚架上后，应一只手握住仪器，另一只手立即旋紧仪器和脚架间的中心连接螺旋，防止因忘记拧上连接螺旋或拧得不紧而摔坏仪器。

（4）仪器箱多为薄型材料制成，不能承重，因此，严禁蹬或坐在仪器箱上。

1.2.5　使用仪器时的注意事项

（1）任何时候仪器旁必须有人守护。禁止无关人员拨弄仪器，注意防止行人、车辆碰撞仪器。

（2）在阳光下观测必须撑伞，防止日晒（包括仪器箱）。雨天应禁止观测。对于电子测量仪器，在任何情况下均应撑伞防护。

（3）如遇目镜、物镜外表面蒙上水汽而影响观测（在冬季较常见）的，应稍等一会儿或用纸片扇风使水汽散发。如镜头上有灰尘、污痕，只能用软毛刷和镜头纸轻轻擦去。严禁用手指或其他纸张擦拭，以免擦伤镜面。观测结束，应及时套上物镜盖。

（4）操作仪器时，用力要均匀，动作要准确、轻捷。制动螺旋不宜拧得过紧，以免损伤；微动螺旋和脚螺旋宜使用中段螺纹，用力过大或动作太猛都会造成对仪器的损伤。

（5）转动仪器时，应先松开制动螺旋，然后平稳转动。使用微动螺旋时，应先旋紧制动螺旋。

（6）仪器在外业测量中，因受温度、湿度、灰沙、震动等影响或者操作员操作不当，容易产生一些故障，仪器故障的种类有很多。当发现仪器出现故障时，应当立即停止使用，并查明原因，送实验室检查维修，绝对禁止擅自拆卸，更不能勉强"带病"使用，以免加剧损坏程度。

1.2.6　仪器迁站时的注意事项

（1）在长距离搬站或通过行走不便的地区时，应将仪器装入箱内再迁站。

（2）在短距离且平坦地区搬站时，可将仪器连同三脚架一起搬迁。首先检查连接螺旋是否旋紧，松开各制动螺旋，再将三脚架腿收拢，然后一手托住仪器的支架或基座，一手抱住脚架，稳步行走。搬迁时切勿奔跑，防止摔坏仪器。保持仪器近直立状态搬迁，严禁斜扛仪器，以防碰撞。

（3）迁站时，要清点所有仪器、附件等器材，防止丢失。

1.2.7　仪器装箱时的注意事项

（1）仪器使用完毕，应及时盖上物镜盖，清除仪器表面的灰尘，松开各制动螺旋，将脚螺旋调至中段并使其大致等高。然后一手握住仪器支架或基座，另一手旋松连接螺旋使之与三脚架脱离，双手将仪器从脚架上取下放入仪器箱内。

（2）仪器装入箱内要试盖一下，若箱盖不能合上，说明仪器未正确放置，应重新放置，严禁强压箱盖，以免损坏仪器。在确认安放正确后再将各制动螺旋略微旋紧，防止仪器在箱内自由转动而损坏某些部件。

（3）清点箱内附件，若无缺失则将箱盖盖上，扣好搭扣，上锁。

（4）清除箱外的灰尘和三脚架脚尖上的泥土。

1.2.8　测量工具的使用

（1）使用钢尺时，应防止扭曲、打结，防止行人踩踏或车轮碾压，以免折断钢尺。携尺前进时，不得沿地面拖拽，以免钢尺尺面刻画磨损。使用完毕，应将钢尺擦净并涂油防锈。

（2）皮尺的使用方法基本上与钢尺的使用方法相同，但量距时使用的拉力应小于使用钢尺时的拉力。皮尺沾水的危害更甚于钢尺，皮尺如果受潮，应晾干后再卷入皮尺盒内。

收卷皮尺时，切忌扭转卷入。

（3）水准尺、棱镜杆和花杆不准用作担抬工具，应注意防止受横向压力，以防弯曲变形或折断。在观测间隙中，不得将水准尺和花杆斜靠在墙上、树上或电线杆上，以防倒下摔断。尺子如放在平地上，应注意不得有碎石、硬土块等尖锐物体磨伤尺面，更不能坐在尺子上。也不允许在地面上拖拽花杆或将花杆当作标枪投掷。水准尺从尺垫上取下后，要防止底面粘上沙土，影响测量精度。

（4）小件工具如垂球、尺垫等，应用完即收，防止遗失。

1.3　测量数据记录与计算规则

1.3.1　测量数据记录一般规定

测量记录是测量成果的原始数据资料，十分重要。为保证测量数据的绝对可靠，实习时应养成良好的职业习惯。记录工作要求如下：

（1）实验所得的各项数据必须直接填写在规定的表格上，不得用零散纸张记录，再行转抄。更不准伪造数据。

（2）所有记录均用绘图铅笔(2H 或 3H)记载。字体应端正清晰，只应稍大于格子的一半，以便留出空隙作错误更正。在规定表栏中，应将仪器型号、编号、日期、天气、观测者、记录者、测站和已知数据等填写齐全。

（3）观测者读数后，记录者应立即回报读数，经确认后再记录，以防听错、记错。

（4）禁止擦拭、涂改与挖补记录。发现错误应在错误处用细横线划去，将正确数字写在原数上方，不得使原字模糊不清。淘汰某整个部分时可用斜线划去，保持被淘汰的数字仍然清晰。所有记录的修改和观测成果的淘汰，均应在备注栏内注明原因(如测错、记错或超限等)。

（5）原始观测的尾部读数不准更改，如角度读数度、分、秒，而分、秒以下读数不准涂改，水准测量中厘米、毫米以下读数不准涂改。

（6）禁止连环更改数字。若已修改了平均数，则不准再修改计算得此平均数的任何一原始数。若已改正一个原始读数，则不准再修改其平均数。假如两个读数均错误，则应重测重记。

（7）读数和记录数据的位数应齐全，如在普通测量中，水准尺读数 0325、1500，度盘读数 $16°06' 00''$，其中的"0"均不能省略。

（8）数据计算时，应根据所取的位数，按"4 舍 6 入，5 前单进双不进"的规则进行凑整。如 1.5244、1.5236、1.5245、1.5235 等数，若取三位小数，则均记为 1.524。

（9）简单的计算与必要的检核应在测量现场及时完成，确认无误后方可迁站。

1.3.2　测量成果计算一般规定

（1）测量成果的整理与计算应该使用规定的印刷表格或事先画好的计算表格进行。

（2）内业计算用钢笔书写，如计算数字有错误，可以用力刮去重写，或将错字划去另写。

（3）上交计算成果应提供原始计算表格，所有计算均不许另行抄录。

（4）成果的记录、计算中小数取位要按 1.3 节（"测量数据记录与计算规则"）中的规定执行。

第2章 数字测图实验

2.1 基本仪器的认识与使用

实验一 水准仪的认识与使用

一、实验目的和要求

(1)认识 DS3 型微倾式水准仪的基本构造,各操作部件的名称和作用,并熟悉使用方法。

(2)掌握 DS3 型水准仪的安置、瞄准和读数方法。

(3)了解自动安平水准仪的性能及使用方法。

(4)练习普通水准测量一测站的观测、记录和高差计算。

二、实验组织

(1)性质:验证性实验。

(2)时数:2 学时。

(3)组织:4 人一组。1 人操作仪器,1 人记录,2 人立尺,轮流操作。

三、仪器和工具

(1)每组借 DS3 型微倾式水准仪(或自动安平水准仪)1 台、脚架 1 副、水准尺 1 对、记录板 1 块。

(2)自备:铅笔、小刀、草稿纸。

四、方法与步骤

(一)仪器讲解

指导教师现场通过演示讲解水准仪的构造、安置及使用方法,以及水准尺的刻划、标注规律及读数方法。

(二)认识水准仪的构造和各部件的名称

图 2-1 为 DS3 型微倾式水准仪的外形及各部件的名称。图 2-2 为 DSZ2 型自动安平水准仪的外形及各部件的名称。

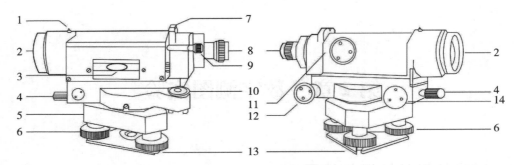

1—瞄准用准星；2—望远镜物镜；3—水准管；4—水平制动螺旋；5—基座；6—脚螺旋；7—瞄准用缺口；
8—望远镜目镜；9—水准管气泡观察镜；10—圆水准器；11—物镜调焦螺旋；12—微倾螺旋；
13—基座底板；14—水平微动螺旋

图 2-1　DS3 型微倾式水准仪

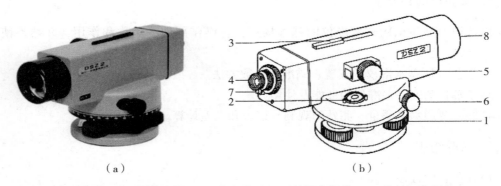

（a）　　　　　　　　　　　　　　　　（b）

1—脚螺旋；2—圆水准器；3—瞄准器；4—目镜调焦螺旋；5—物镜调焦螺旋；
6—水平微动螺旋；7—补偿器检查按钮；8—物镜

图 2-2　DSZ2 型自动安平水准仪

(三)水准仪的安置和使用

1. 安置仪器

仪器所安置的地点称为测站。在测站上松开三脚架伸缩螺旋，按观测者的身高调节脚架腿的高度，将螺旋拧紧。先将三脚架架腿撑开，使架头大致水平，如果地面比较松软则应将脚架的三个脚尖立面处踩实，使脚架稳定。然后将水准仪从箱中取出，平稳地安放在脚架架头上，一只手握住仪器，一只手立即用连接螺旋将仪器固连在脚架架头上。检查是否连接牢固，关上仪器箱。

2. 粗略整平(粗平)

通过调节三个脚螺旋使圆水准器气泡居中，从而使仪器的竖轴大致铅垂。在整平过程中，气泡移动的方向与左手大拇指转动脚螺旋时的移动方向一致。如果地面较坚实，可先练习固定脚架两条腿，只移动第三条腿，使圆水准器气泡大致居中，然后通过再调节脚螺旋使圆水准器气泡居中。这是置平测量仪器的基本功,必须反复练习。

3. 瞄准水准尺

(1)目镜对光。把望远镜对着明亮的背景,转动目镜对光螺旋,使十字丝最清晰(由于观测者视力是不变的,以后瞄准其他目标时,目镜不需要重新调焦)。

(2)粗略瞄准。松开制动螺旋,利用望远镜上的粗瞄准器(缺口和准星或其他形式),从望远镜外找到水准尺并对准它,拧紧制动螺旋(自动安平水准仪无制动螺旋,靠摩擦制动)。

(3)精确瞄准。从望远镜中观察,转动物镜对光螺旋,使目标清晰,再转动微动螺旋,使十字丝纵丝靠近尺上分划(便于检查水准尺是否竖直)。

(4)消除视差。当眼睛在目镜端上下微微晃动时,若发现十字丝与目标影像有相对运动,则说明存在视差。转动物镜调焦螺旋,消除视差,使目标清晰(体会视差现象,练习消除视差的方法)。

4. 精确整平(精平)

精平是水准测量中的关键步骤。转动微倾螺旋,从气泡观察窗内看到符合水准管气泡两端影像严密吻合(气泡居中),此时视线即为水平视线。注意微倾螺旋转动方向与符合水准管气泡左侧影像移动的规律,如图 2-3 所示(自动安平水准仪无需手动精平)。

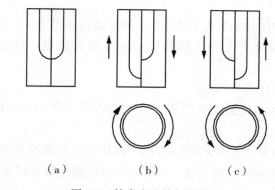

（a）　　　　　（b）　　　　　（c）

图 2-3　符合水准管气泡居中

5. 读数

尺上注字以 m(米)为单位,每隔 10cm 注字,每个黑色(或红色)和白色的分划为 1cm,从望远镜中观察十字丝横丝,可估读到 mm。在正像望远镜与倒像望远镜中看到的水准尺像有所区别,如图 2-4 所示,(a)图为正像望远镜,中丝读数应为 1575;(b)图为倒像望远镜,中丝读数应为 1525。无论是正像望远镜,还是倒像望远镜,数分划的格数时,应从小的注字数往大的注字数方向数。

读数应迅速、果断、准确,读数后应立即重新检视符合水准器气泡是否仍居中,如仍居中,则读数有效,否则应重新使符合水准管气泡居中后再读数(自动安平水准仪无手动精平步骤,故无需检查符合水准器气泡)。

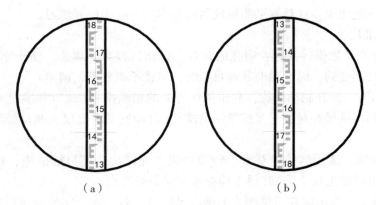

（a）　　　　　　　　　　　　（b）

图 2-4　水准尺上读数

6. 一测站水准测量练习

在地面选定两点分别作为后视点和前视点，放上尺垫并立尺，在距两尺距离大致相等处安置水准仪，粗平，瞄准后视尺，精平后读数；再瞄准前视尺，精平后读数，记录数据并计算高差。换一人变换仪器高再进行观测，小组各成员所测高差之差不得超过±6mm。

五、注意事项

（1）水准仪安置时应使脚架架头大致水平，脚架跨度不能太大，以免摔坏仪器。

（2）水准仪安放到脚架上必须立即将中心连接螺旋旋紧，严防仪器从脚架上掉下摔坏。

（3）在读数前，应注意消除视差。

（4）微倾式水准仪在读数前，必须使符合水准管气泡居中（水准管气泡两端影像吻合）。

（5）记录员听到观测员读数后，必须向观测员回报，经观测员确认后方可记入手簿，以防听错而记错。记录数据应字迹清晰，参照1.4节的测量数据记录一般规定执行。

六、上交资料

实验结束后，需将测量实验报告以小组为单位装订成册后上交，本实验测量实验报告参见附录二附录表1。

实验二　光学经纬仪的认识与使用

一、实验目的和要求

（1）了解 DJ6 型光学经纬仪的组成、基本构造，以及主要部件的名称与作用。

（2）掌握经纬仪的安置和读数方法，学会光学经纬仪的基本操作。

二、实验组织

(1)性质：验证性实验。

(2)时数：2 学时。

(3)组织：4 人一组。轮流操作仪器和做读数记录。

三、仪器和工具

(1)每组借 DJ6 型光学经纬仪 1 套(含三脚架)、记录板 1 块。

(2)自备：铅笔、小刀、草稿纸。

四、方法与步骤

(一)仪器讲解

指导教师现场讲解 DJ6 型光学经纬仪的构造，各螺旋的名称、功能及操作方法，仪器的安置及使用方法，并指定观测目标。

(二)认识 DJ6 型光学经纬仪的构造和各部件的名称

图 2-5 为 DJ6 型光学经纬仪的外形及各部件的名称。

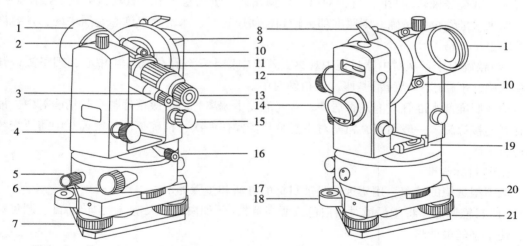

1—望远镜物镜；2—望远镜制动螺旋；3—度盘读数镜；4—望远镜微动螺旋；5—水平制动螺旋；
6—水平微动螺旋；7—脚螺旋；8—竖盘水准管观察镜；9—竖盘；10—瞄准器；11—物镜调焦环；
12—竖盘水准管；13—望远镜目镜；14—度盘照明镜；15—竖盘水准管微动螺旋；16—光学对中器；
17—水平度盘位置变换轮；18—圆水准器；19—平盘水准管；20—基座；21—基座底板

图 2-5 DJ6 型光学经纬仪

(三)光学经纬仪的架设

1. 经纬仪的安放

各小组在给定的测站点上架设仪器(从箱中取经纬仪时，应注意观察仪器的装箱位置，以便用后装箱)。按观测者的身高调整好三脚架腿的长度，张开三脚架，使三个脚尖的着地点大致与测站点等距离，确保三脚架头大致水平。从仪器箱中取出经纬仪，放到三脚架架头上，一只手握住经纬仪支架，另一只手将三脚架上的连接螺旋转入经纬仪基座中心螺孔。

2. 经纬仪的对中和整平(光学对中器)

将仪器中心大致对准地面测站点，通过旋转光学对中器的目镜调焦螺旋，使分划板对中圈清晰；通过推、拉光学对中器的镜管进行对光，使对中圈和地面测站点标志都清晰显示。

(1)粗略对中：固定三脚架的一只架脚于适当位置，两手分别握住另外两条架腿。在移动这两条腿的同时，从光学对中器中观察，使对中器对准测站标志中心(为加快操作速度，可调整经纬仪脚螺旋使对中器对准标志中心)。

(2)粗略整平：调节三脚架的架腿高度，使照准部大致水平(架脚点不得移位)。调整时逐一松开三脚架架腿制动螺旋，并观察圆水准器。一般只需反复调整两条架腿即可使圆水准器气泡居中。

(3)精确整平：转动照准部，使水准管平行于任意一对脚螺旋，同时相对(或相反)旋转这两个脚螺旋(气泡移动的方向与左手大拇指行进方向一致)，使水准管气泡居中；然后将照准部绕竖轴转动90°，再转动第三个脚螺旋，使气泡居中。重复精确整平操作1~2次，如果水准管位置正确，则照准部旋转到任何位置时，水准管气泡总是居中的，其容许偏差应小于1格。

(4)精确对中：从对中器目镜中观察，若对中器十字丝已偏离标志中心，则略微松开连接螺旋，平移(不要旋转)基座，使精确对中。

检查照准部水准管气泡是否居中。若气泡发生偏离，需再次精确整平与精确对中，最后旋紧连接螺旋。一般而言，粗略对中整平只需操作一次，精确整平与精确对中需要交替进行若干次。

(四)目标瞄准

取下望远镜的镜盖，用望远镜瞄准目标的方法和步骤如下：

(1)目镜调焦：将望远镜对向白色或明亮背景(例如白墙、天空等)，转动目镜调焦螺旋，使十字丝最清晰。

(2)粗瞄目标：松开水平和垂直制动螺旋，通过望远镜上的瞄准器(缺口和准星)，大致对准目标，然后旋紧水平和垂直制动螺旋。

(3)物镜调焦：转动物镜调焦环，使目标的像最清晰，再旋转水平和垂直微动螺旋，使目标像靠近十字丝。

(4)消除视差：上下或左右移动眼睛，观察目标像与十字丝之间是否有相对移动；发现有移动，则存在视差，需要重新进行物镜调焦，直至消除视差为止。

(5)精确瞄准：用水平和垂直微动螺旋使十字丝纵丝对准目标，如配套教材《数字测图与工程测量学》中图4-16(b)所示；观测水平角时，以纵丝对准；观测垂直角时，以横丝对准；同时观测水平角和垂直角时，二者必须同时对准，即以十字丝中心对准目标中心。

（五）读数

瞄准目标后，调节度盘照明镜的位置，使读数窗亮度适当，旋转度盘读数镜的目镜，使度盘及分微尺的刻画线清晰，读取落在分微尺上的度盘刻画线所示的度数，然后读出分微尺上 0 刻画线到这条度盘刻画线之间的分数，最后估读至 0.1′，并化为秒数。如图 2-6 所示，有两个读数窗口，标明"水平"或"H"为水平度盘读数（73°04′30″）；标明"竖直"或"V"为垂直度盘读数（87°06′18″）。

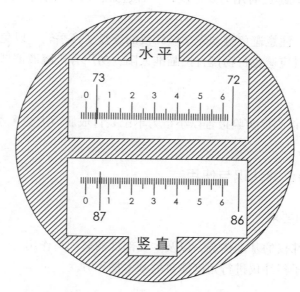

图 2-6　DJ6 型光学经纬仪读数窗

（六）其他练习

（1）盘左盘右进行观测的练习：松开望远镜制动螺旋，将望远镜从盘左转为盘右（或相反），进行瞄准目标和读数的练习。

（2）改变水平度盘位置的练习：旋紧水平制动螺旋，打开保护盖，转动水平度盘位置变换轮，从度盘读数镜中观察水平度盘读数的变化情况，并对准某一整数读数，例如 0°00′00″，90°00′00″等，最后盖好保护盖。

（七）读数记录

（1）观测员报出读数后，记录员应向观测员回报读数，经观测员确认后方可记入观测手簿。

（2）用 2H 或 3H 铅笔将水平方向观测读数记录在表格中，所有读数应当场记入手簿中。

（3）记录、计算一律取至秒。

五、注意事项

（1）提取仪器时，应双手握住支架或基座；放置在脚架上时，应保持一只手握住仪器，一只手拧紧连接螺旋，使仪器与脚架牢固连接，以防仪器摔落。

（2）使用光学对中器进行对中，对中误差应小于 2mm。对中整平后，应检查各个方向平盘水准管气泡的居中情况，其偏差应在规定范围以内。

（3）在脚架架头上移动经纬仪完成精确对中后，要立即旋紧中心连接螺旋，以防仪器摔落。

（4）操作仪器时，应用力均匀；转动照准部或望远镜，要先松开制动螺旋，切不可强行转动仪器；旋紧制动螺旋时用力要适度，不宜过紧；微动螺旋、脚螺旋均有一定调节范围，宜使用中间部分。

（5）观测过程中，注意避免碰动光学经纬仪的度盘变换手轮，以免发生读数错误。

（6）日光下测量时应避免将物镜直接瞄准太阳；勿用有机溶液擦拭镜头。

六、上交资料

实验结束后，需将测量实验报告以小组为单位装订成册后上交，本实验测量实验报告参见附录二附录表 2。

实验三　电子经纬仪的认识与使用

一、实验目的和要求

（1）认识电子经纬仪的基本构造，以及主要部件的名称与作用。
（2）掌握使用电子经纬仪进行角度测量的基本操作方法。

二、实验组织

（1）性质：验证性实验。
（2）时数：2 学时。
（3）组织：4 人一组。轮流操作仪器和做读数记录。

三、仪器和工具

（1）每组借 DT202C 电子经纬仪 1 套（含三脚架）、记录板 1 块。
（2）自备：铅笔、小刀、草稿纸。

四、方法与步骤

（一）仪器讲解

指导教师现场讲解 DT202C 型电子经纬仪的构造，各螺旋的名称、功能及操作方法，仪器的安置及使用方法，并指定观测目标。

（二）认识 DT202C 型电子经纬仪的构造和各部件的名称

认识电子经纬仪的外形及掌握各外部构件名称，了解电子经纬仪键盘上各按键的名称和功能，以及各种显示符号的含义（见图 2-7）。

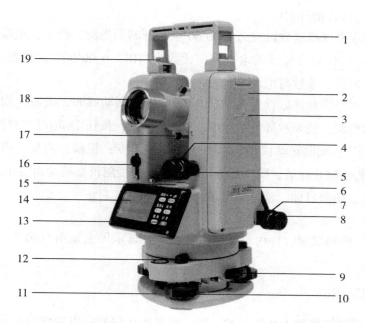

1—提手；2—电池；3—仪器中心；4—垂直微动螺旋；5—垂直制动螺旋；6—仪器型号；
7—水平制动螺旋；8—水平微动螺旋；9—基座锁紧钮；10—基座脚螺旋；11—基座；
12—圆水准器；13—按键；14—显示屏；15—长水准器；16—测距仪通信接口；
17—望远镜粗瞄准器；18—望远镜物镜；19—提手紧固螺旋

图 2-7　DT202C 型电子经纬仪的外形

（三）电子经纬仪的架设

与光学经纬仪相同，具体步骤参见实验二的步骤（三）。

（四）DT202C 型电子经纬仪的基本操作

（1）开机：

按住 ① 键，所有字段点亮；释放 ① 键后，仪器电源打开，进入初始化界面；上下转动望远镜，然后使仪器水平盘转动 1 周，仪器初始化；自动显示水平度盘角度、竖直度盘角度以及电池容量信息。

（2）瞄准：

粗瞄、调焦、消除视差、精瞄，步骤与光学经纬仪相同，参见实验二的步骤（四）。

（3）读数：

将墙上觇标或远处较高建筑物（如水塔、楼房）上的避雷针、天线等作为确定的两个方向目标，分别瞄准后，在显示屏幕上读取水平方向读数，用铅笔将观测读数记录在表格中。

（4）盘左盘右的练习：

松开望远镜制动螺旋，将望远镜从盘左位置转为盘右位置，进行瞄准目标和读数的练习。

（5）设置度盘读数的练习：

将某目标的水平度盘读数设置为 0°00′00″：松开制动螺旋，盘左，粗瞄、调焦、消除视差、精瞄，按 OSET 键，显示的水平方向读数为"HR　0°00′00″"；盘右，粗瞄、调焦、消除视差、精瞄目标，读数与记录。

将某目标的水平度盘读数设置为 90°10′00″：松开制动螺旋，盘左，旋转照准部，用水平制动和微动螺旋，使显示屏显示"HR　90°10′00″"，按住 锁定 键并释放，蜂鸣器响，显示屏显示"锁定"。此时转动仪器，水平角度保持不变；粗瞄、调焦、消除视差、精瞄目标；再按住 锁定 键并释放，则恢复原状态，水平角度随仪器转动而变化；盘右，粗瞄、调焦、消除视差、精瞄目标，读数与记录。

（6）关机：

按住 Ⅰ 键，蜂鸣器响，待约 1 秒后，仪器液晶显示屏上显示"OFF"。释放 Ⅰ 键后，仪器关机。

五、注意事项

（1）仪器安放到三脚架上或取下时，要一手先握住仪器，以防仪器摔落；完成对中整平后应立即旋紧中心连接螺旋，防止仪器摔损。

（2）尽量使用光学对中器进行对中，对中误差应小于 2mm。

（3）电子经纬仪是精密的测量仪器，应避免强烈震动和冲击，防止日晒、雨淋和受潮。

（4）日光下测量时，应避免将物镜直接瞄准太阳。

（5）当电池电量不足时，应立即结束操作，更换电池。在装、卸电池时，必须先关闭电源。

（6）勿用有机溶液擦拭镜头、显示窗和键盘等。

六、上交资料

实验结束后，需将测量实验报告以小组为单位装订成册后上交，本实验测量实验报告参见附录二附录表 3。

实验四　全站仪的认识与使用

一、实验目的和要求

（1）了解全站仪的基本构造和性能，熟悉各操作键的名称及其功能，并熟悉使用方法。

（2）掌握使用全站仪的安置方法和角度测量、距离测量与坐标测量的基本方法。

二、实验组织

（1）性质：验证性实验。

（2）时数：2学时。

（3）组织：4人一组。轮流操作仪器和做读数记录。

三、仪器和工具

（1）每组借5″全站仪1套（含三脚架1个、目标杆1根、棱镜与觇牌1套）、记录板1块。

（2）自备：铅笔、小刀、草稿纸。

四、方法与步骤

（一）仪器讲解

指导教师讲解全站仪的构造，各螺旋的名称、功能及操作方法，仪器的安置及使用方法，并指定观测目标。

（二）全站仪的构造

（1）通过教师讲解和阅读全站仪使用说明书，了解全站仪的基本构造及各操作部件的名称和作用。

（2）了解全站仪键盘上各按键的名称及其功能、显示符号的含义并熟悉角度测量、距离测量和坐标测量模式间的切换。

（三）仪器安置

与光学经纬仪相同，具体步骤参见实验二的"方法与步骤"中步骤（三）。

（四）架设棱镜

在给定的两个目标点Ⅰ、Ⅱ上分别架设单棱镜，用光学对中器对中、整平，量取并记录棱镜高度，使棱镜头对准全站仪。

（五）开机

按开关键开机，显示器进入状态屏幕界面。随即仪器进行自检，仪器自检完成后，参照仪器使用说明书，进入参数设置界面，查看参数设置。

（六）全站仪测量

（1）在小键盘上选择角度测量模式键，切换到角度测量模式，读出水平角、竖直角。

（2）在小键盘上选择距离测量模式键，切换到距离测量模式，读出斜距、平距、高差。

（3）在小键盘上选择坐标测量模式键，进入坐标测量模式，设置测站点坐标、定向方位角，测量未知点坐标。

五、注意事项

（1）仪器安放到三脚架上或取下时，要一只手先握住仪器，以防仪器摔落；完成对中整平后应立即旋紧中心连接螺旋，防止仪器摔损。

（2）尽量使用光学对中器进行对中操作，对中误差应小于2mm。

（3）在阳光下使用全站仪时，一定要撑伞遮掩仪器，严禁用望远镜正对太阳。

（4）当电池电量不足时，应立即结束操作，更换电池。在装、卸电池时，必须先关闭电源。

（5）迁站时，即使距离很近，也必须取下全站仪装箱搬运，并注意防震。

（6）部分全站仪因开机方式不同，观测前需要对仪器进行初始化操作，即仪器对中、整平后，打开仪器开关，照准部水平旋转 3~4 周，望远镜在垂直面内转动 3~4 周。

（7）勿用有机溶液擦拭镜头、显示窗和键盘灯。

六、上交资料

实验结束后，需将测量实验报告以小组为单位装订成册后上交，本实验测量实验报告见附录二附录表 4。

2.2　基本测量方法与数据处理

实验五　普通水准测量

一、实验目的和要求

（1）练习水准测量测站和转点的选择、水准尺的立尺方法、测站上的仪器操作。

（2）掌握普通水准测量（两次仪器高法）的施测、记录、高差闭合差调整和高程计算的方法。

二、实验组织

（1）性质：综合性实验。

（2）时数：2 学时。

（3）组织：4 人一组。轮流分工为：1 人操作仪器，1 人记录，2 人立水准尺。

三、仪器和工具

（1）每组借 DS3 型水准仪 1 台、双面水准尺 1 对、尺垫 2 个、记录板 1 块。

（2）自备：铅笔、小刀、草稿纸、计算器。

四、方法与步骤

（一）准备工作

由教师指定一已知水准点，选定一条闭合水准路线，2~3 个待测高程点，其长度以安置 6~8 个测站、视线长度 20~30m 为宜。一人观测、一人记录、两人立尺，施测两个测站后应轮换操作。

（二）普通水准测量施测程序（变动仪器高法）

（1）水准测量测站和转点的选择：

当两点间距离较长或两点间的高差较大时，可在两点间选定一或两个转点作为分段点，进行分段测量。在转点上立尺时，尺子应立在尺垫上的凸起物顶上。

（2）在起点（某已知高程的水准点）与第一个立尺点中间（前、后视的距离大致相等，用目估或步测）安置水准仪并粗平，在后视点、前视点上分别竖立水准尺。

（3）观测员按下列程序观测：

后视立于水准点上的水准尺，瞄准，精平，读数；

前视立于第一点上的水准尺，瞄准，精平，读数；

改变水准仪高度 10cm 以上，重新安置水准仪；

前视立于第一点上的水准尺，瞄准，精平，读数；

后视立于水准点上的水准尺，瞄准，精平，读数。

本次实验可只读水准尺黑面。观测员读数后，记录员必须向观测员回报，经观测员默许后方可记入记录手簿（其格式见附录表 5-1"普通水准测量记录表"），后视、前视完毕，应当场计算高差，并作检核。

以上为第一个测站的全部工作。

（4）第一站结束之后，记录员招呼后标尺员向前转移，并将仪器迁至第二测站（待测点或转点）。此时，第一测站的前视点便成为第二测站的后视点，保持该水准尺尺底位置不变，尺面转向仪器。

然后，按第一站相同的工作程序进行第二站的工作。依次沿水准路线方向施测，直至回到起始水准点为止。

（5）水准路线施测完毕后，计算前视读数之和、后视读数之和、高差之和，以及水准路线高差闭合差，以对水准测量路线成果进行检核。

（6）在附录表 5-2"高差误差配赋表"中进行水准测量成果计算，在高差闭合差满足要求（$f_{h容} = \pm 40 \sqrt{L}$（单位：km）或 $f_{h容} = \pm 12 \sqrt{N}$，单位：mm）时，对闭合差进行调整，求出数据处理后各待测点高程。

五、注意事项

（1）前、后视距应大致相等。

（2）当水准仪瞄准、读数时，水准尺必须立直。尺子的左、右倾斜，观测者在望远镜中根据纵丝可以发现，而尺子的前后倾斜则不易发现，立尺者应注意与观测员配合：读数时立尺员前后微摇尺子，观测员读取最小值。

（3）读取读数前，注意消除视差。

（4）每次读数时，都应精平（转动微倾螺旋，使符合式气泡吻合；自动安平水准仪可以自动精平），并注意勿将上、下丝的读数误读成中丝读数。

（5）同一测站，只能用脚螺旋整平圆水准器气泡居中一次（该测站返工重测应重新整平圆水准器）。

（6）正确使用尺垫，尺垫只能放在转点处，已知水准点和待测点上不得放置尺垫。

（7）每一测站，两次仪器高测得两个高差值之差不应大于 5mm，否则该测站应重测。

(8)每一测站,通过上述测站检核,才能搬站;仪器未搬迁时,前、后视水准尺的立尺点如为尺垫,则均不得移动。仪器搬迁了,说明已通过测站检核,后视扶尺员才能携尺和尺垫前进至另一点;但前视点上尺垫仍不得移动,只是将尺面转向,由前视转变为后视。

(9)水准尺上读数一律为 4 位数。

六、上交资料

实验结束后,将普通水准测量记录表(见附录二附录表 5-1)及高差误差配赋表(见附录二附录表 5-2)以小组为单位装订成册后上交。

实验六　四等水准测量

一、实验目的和要求

(1)掌握用双面水准尺进行四等水准测量的观测、记录、计算方法。
(2)熟悉四等水准测量的主要技术指标,掌握测站及水准路线的检核方法。

二、实验组织

(1)性质:综合性实验。
(2)时数:2 学时。
(3)组织:4 人一组。轮流分工为:1 人操作仪器,1 人记录,2 人立水准尺。

三、仪器和工具

(1)每组借 DS3 型水准仪 1 台、双面水准尺 1 对、尺垫 2 个,记录板 1 块、木桩 3~4根、锤子 1 把、测伞 1 把。
(2)自备:铅笔、小刀、草稿纸、计算器。

四、方法与步骤

(一)准备工作
由教师指定一已知水准点,选定一条闭合水准路线,2~3 个待测高程点,高程点分别以 A,B,C,…命名,并钉好木桩做好标记,其长度以安置 6~8 个测站为宜。一人观测、一人记录、两人立尺,施测两个测站后应轮换操作。
(二)四等水准测量施测程序
(1)水准测量测站和转点的选择。
当两点间距离较长或两点间的高差较大时,可在两点间选定一或两个转点作为分段点,进行分段测量。在转点上立尺时,尺子应立在尺垫上的凸起物顶上。
(2)在起点(某已知高程的水准点)与第一个立尺点中间(前、后视的距离大致相等,用目估或步测)安置水准仪并粗平,在后视点、前视点上分别竖立水准尺。

（3）观测员按下列程序观测：

照准后视标尺黑面，读取下丝、上丝读数，精平，读取中丝读数；

照准前视标尺黑面，读取下丝、上丝读数，精平，读取中丝读数；

照准前视标尺红面，精平，读取中丝读数；

照准后视标尺红面，精平，读取中丝读数。

这种观测顺序简称为"后前前后"（黑、黑、红、红）。

（4）记录者在附录表6-1"四等水准测量记录表"中按表头标明次序（1）~（8），记录各个读数，（9）~（10）为计算结果：

后视距离（9）= 100×[（1）-（2）]

前视距离（10）= 100×{（4）-（5）}

视距之差（11）=（9）-（10）

Σ视距差（12）= 上站（12）+本站（11）

红黑面差（13）=（6）+K-（7）（$K=4687$ 或 4787）

（14）=（3）+K-（8）

黑面高差（15）=（3）-（6）

红面高差（16）=（8）-（7）

高差之差（17）=（15）-（16）=（14）-（13）

平均高差（18）= $\frac{1}{2}$[（15）+（16）]

四等水准测量的技术限差规定如表2-1。

表2-1 四等水准测量技术限差要求

视线高度（m）	视线长度（m）	前、后视距差（m）	前、后视距累积差（m）	红、黑面读数差（mm）	红、黑面高差之差（mm）
>0.2	≤80	≤5	≤10	≤3	≤5

每站读数结束[（1）~（8）]，随即进行各项计算[（9）~（16）]，并按表2-1进行各项检验，满足限差要求后才能搬站。

以上为第一个测站的全部工作。

（5）第一站结束之后，记录员招呼后标尺员向前转移，并将仪器迁至第二测站（待测点或转点）。此时，第一测站的前视点便成为第二测站的后视点，保持该水准尺尺底位置不变，尺面转向仪器。

然后，依第一站相同的工作程序进行第二站的工作。依次沿水准路线方向施测，直至回到起始水准点为止。

（6）水准路线施测完毕后，对水准测量路线成果进行检核，计算水准路线高差闭合差，按四等水准测量的规定，线路高差闭合差的容许值为 $\pm 20\sqrt{L}$ mm，其中 L 为线路总长(单位：km)。

五、注意事项

(1)前、后视距可先由步数概量，再通过视距测量调整仪器位置，使前后视距满足限差要求。

(2)四等水准测量比普通水准测量有更严格的技术规定，要求达到更高的精度，其关键在于：从后视转为前视(或相反)，望远镜不能重新调焦；水准尺应完全竖直，最好用附有圆水准器的水准尺。

(3)每站观测结束后，应当立即计算检核，误差超限时应立即重测。整条水准路线测量并计算完毕，在各项指标包括水准路线高差闭合差均满足要求的情况下，才可结束测量。

六、上交资料

实验结束后，将四等水准测量记录表(附录二中附录表 6-1)及高差误差配赋表(附录二中附录表 6-2)以小组为单位装订成册后上交。

实验七　测回法观测水平角

一、实验目的和要求

掌握用全站仪(或 DJ6 型电子经纬仪)进行测回法水平角的观测顺序、记录和计算方法。

二、实验组织

(1)性质：验证性实验。
(2)时数：2 学时。
(3)组织：3 人一组。轮流观测和记录。

三、仪器和工具

(1)每组借全站仪(或 DJ6 型电子经纬仪)1 台(含脚架)、记录板 1 块。
(2)自备：铅笔、小刀。

四、方法与步骤

设测站为 A，目标为 B、C，测定水平角 $\angle BAC = \beta$。
(1)安置仪器：在测站 A 点处架设仪器，并严格进行对中和整平；
(2)盘左观测：盘左位置精确瞄准目标 B，水平度盘配置为比 0° 稍大的读数；盘左位置重新精确瞄准目标 B，记下该水平度盘读数 $b_{左}$；松开照准部制动螺旋，精确瞄准目标 C，记下该水平度盘读数 $c_{左}$；计算盘左位置半测回测得的水平角值：$\beta_{左} = c_{左} - b_{左}$。

（3）盘右观测：倒转望远镜成盘右位置，精确瞄准目标 C，记下该水平度盘读数 $c_右$；松开照准部制动螺旋，精确瞄准目标 B，记下该水平度盘读数 $b_右$；计算盘右位置半测回测得的水平角值：$\beta_右 = c_右 - b_右$。

（4）若 $\beta_左$ 与 $\beta_右$ 的差值不大于 40″，则取其平均值作为一测回的水平角值：

$$\beta = \frac{1}{2}(\beta_左 + \beta_右)$$

（5）如果需要对水平角测量 n 个测回，则在每测回盘左位置瞄准第一个目标 B 时，都需要配置度盘。每个测回度盘读数需变化 $180°/n$（n 为测回数）。（如要对一个水平角测量 3 个测回，则每个测回度盘读数需变化 $180°/3 = 60°$，则 3 个测回盘左位置瞄准左边第一个目标 B 时，配置度盘的读数分别为 0°、60°、120° 或略大于这些的读数。）

（6）除需要配置度盘读数外，各测回观测方法与第一测回水平角的观测过程相同。比较各测回所测角值，若限差不超过 24″，则满足要求，取平均求出各测回平均角值。

五、注意事项

（1）观测过程中，照准部水准管气泡偏离居中位置，其值不得大于一格（DJ6 型电子经纬仪为不大于两格）。同一测回内若气泡偏离居中位置大于一格（DJ6 型电子经纬仪为不大于两格）则该测回应重测。不允许在同一个测回内重新整平仪器。不同测回，则允许在测回间重新整平仪器。

（2）测量水平角时，应尽可能瞄准目标底部，以减少目标倾斜所引起的误差。

（3）记录员听到观测员读数后必须向观测员回报，经观测员默许后方可记入手簿，以防听错而记错；手簿记录、计算一律取至秒。

（4）计算半测回角值时，当第一目标读数 b 大于第二目标读数 c 时，则应在第一目标读数 b 上加上 360°。

（5）仪器迁站时，必须先关机，然后装箱搬运，严禁仪器装在三脚架上迁站。

六、上交资料

实验结束后，将测量实验报告以小组为单位装订成册后上交，测量实验报告见附录表 7-1。

实验八　方向观测法观测水平角

一、实验目的和要求

掌握用全站仪（或 DJ6 型电子经纬仪）进行方向观测法观测水平角的操作、记录、计算和各项限差的检核。

二、实验组织

（1）性质：验证性实验。

（2）时数：2 学时。

（3）组织：3 人一组。轮流观测和记录。

三、仪器和工具

（1）每组借全站仪（或 DJ6 电子经纬仪）1 台（含脚架）、记录板 1 块。

（2）自备：铅笔、小刀。

四、方法与步骤

如图 2-8 所示，设测站为 C，目标为 A、B、D、E。选择 A 为零方向。

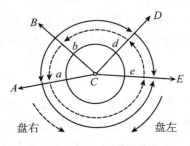

图 2-8　方向法观测水平方向

（1）安置仪器：在测站 C 点处架设仪器，并严格进行对中和整平；

（2）上半测回，即盘左观测　盘左位置精确瞄准目标 A，水平度盘配置为比 0° 稍大的读数；重新精确瞄准零方向 A，读取 A 目标水平方向值 $a_左$，记录；然后顺时针依次瞄准 B、D、E 目标，分别读取读数，即盘左各目标水平方向值为 $b_左$、$d_左$、$e_左$，记录；继续顺时针瞄准零方向 A 归零读数 $a'_左$，并计算归零差 $a_左 - a'_左$。若归零差不超过限差规定，则转入第三步，否则上半测回重新观测。

（3）下半测回，即盘右观测　从零方向 A 开始，逆时针依次照准 E、D、B 目标，分别读取读数，即盘右各目标水平方向值 $a_右$、$e_右$、$d_右$、$b_右$（在记录表格中，由下往上记录）；继续逆时针瞄准零方向 A 归零读数 $a'_右$，计算归零差 $a_右 - a'_右$。若归零差不超过限差规定，则转入第四步，否则下半测回重新观测。

（4）计算 2C 较差：对于同一目标，需用盘左读数尾数减去盘右读数尾数计算 2C（两倍视准轴误差），2C 应满足限差要求，否则应重新观测，即转入第（2）步。

（5）计算一测回平均方向值：用各目标的盘左读数与盘右读数 ±180° 的和除以 2，计算各目标方向值的平均值。因为零方向有始、末两个方向值，应求取两者的平均数 $\bar{a}$，写在"平均值"列顶部。

（6）计算归零后各方向的一测回方向值：零方向归零后的方向值为 0°00′00″，将其他方向的盘左、盘右平均值减去零方向的平均值 $\bar{a}$，就得到归零后各方向的一测回方向值。第一测回观测结束。

（7）如果需要进行多测回观测，各测回操作的方法、步骤相同，只是每测回盘左位置瞄准第一个目标 A 时，都需要配置度盘。每个测回度盘读数需变化 $180°/n$，其中 n 为测回数。

（8）各测回观测完成后，应对同一目标各测回的方向值进行比较，如果满足限差要求，取平均求出各测回方向值的平均值。

五、注意事项

（1）对中误差应小于 2mm，整平应仔细。

（2）应选择距离稍远、易于照准的清晰目标作为起始方向（零方向）。

（3）观测过程中，照准部水准管气泡偏离居中位置，其值不得大于一格（DJ6 电子经纬仪为不大于两格）。同一测回内若气泡偏离居中位置大于一格（DJ6 电子经纬仪为不大于两格）则该测回应重测。不允许在同一个测回内重新整平仪器。不同测回，则允许在测回间重新整平仪器。

（4）应随时观测，随时记录，随时检核。水平角方向观测法有关技术指标的限差规定如表 2-2 所示。

表 2-2　水平角方向观测法的各项限差

经纬仪级别	半测回归零差 （″）	一测回内 $2C$ 值互差 （″）	同一方向值各测回互差 （″）
2″级全站仪	12	18	12
DJ6 电子经纬仪	18	—	24

（5）手簿记录时，盘左由上往下记录，盘右时则应由下往上记录。手簿应现场完成记录和计算，不得转抄；记录表填写一律取至秒，分和秒要写两个数字。

（6）$2C$ ＝盘左读数－（盘右读数±180°）。

（7）平均读数＝［盘左读数＋（盘右读数±180°）］／2。

六、上交资料

实验结束后，将测量实验报告以小组为单位装订成册后上交，测量实验报告见附录二中附录表 7-2。

实验九　竖直角观测

一、实验目的和要求

（1）了解经纬仪竖盘的注记形式，掌握竖直角的计算公式。

（2）掌握竖角中丝法观测、记录、计算的方法。

二、实验组织

(1)性质：验证性实验。

(2)时数：2 学时。

(3)组织：3 人一组。轮流操作仪器、做记录及计算。

三、仪器和工具

(1)每组借全站仪(或 DJ6 型经纬仪)1 台(含脚架)、记录板 1 块。

(2)自备：铅笔、小刀。

四、方法与步骤

(一)确定竖盘注记形式

对中、整平仪器，转动望远镜，观测竖盘读数的变化：

(1)当望远镜视线上倾，竖盘读数增加，则竖直角

$$\alpha = 瞄准目标时竖盘读数 - 视线水平时竖盘读数$$

(2)当望远镜视线上倾，竖盘读数减少，则竖直角

$$\alpha = 视线水平时竖盘读数 - 瞄准目标时竖盘读数$$

在记录表中写出竖直角计算公式。

(二)竖角观测

(1)选定某一觇牌或其他明显标志作为目标。盘左，瞄准目标(用十字丝的中横丝切于目标顶部或平分目标)。

(2)转动竖盘指标水准管微动螺旋，使竖盘指标水准管气泡居中(全站仪有自动归零补偿器，故无此步骤)；读取竖直度盘读数 L，用竖盘公式计算盘左半测回竖直角 $\alpha_{左}$。

(3)盘右，观测方法同第(1)步，读取竖盘读数 R。记录并计算盘右半测回竖直角 $\alpha_{右}$。

(4)按下式计算指标差 x 及一测回竖直角 α：

$$x = \frac{1}{2}(\alpha_{左} - \alpha_{右})$$

$$\alpha = \frac{1}{2}(\alpha_{左} + \alpha_{右})$$

(5)每人应至少向同一目标观测两测回，或向两个不同目标各观测一测回，指标差对某一仪器应为一常数，因此，各次测得指标差互差不应大于 $\pm 25''$。

五、注意事项

(1)务必理解计算竖直角的公式。

(2)观测时，对同一目标要用十字丝横丝切准同一部位。

(3)对于 DJ6 型光学经纬仪，每次读数前都要使指标水准管气泡居中。

（4）计算竖角时，应注意正、负号。

（5）当经纬仪指标差 $|x| \geqslant 25''$，各测回竖直角值的互差 $\geqslant 25''$ 时，剔除离群值，取其平均数，作为该仪器的竖盘指标差 $\bar{x}$。

六、上交资料

实验结束后，需将测量实验报告以小组为单位装订成册后上交，本实验测量实验报告见附录二附录表 7-3。

实验十　导线测量

Ⅰ. 经纬仪导线测量

一、实验目的和要求

掌握经纬仪钢尺导线测量的布设、施测和计算方法。

二、实验组织

（1）性质：综合性实验。

（2）时数：2 学时。

（3）组织：4 人一组。1 人测角，1 人记录，2 人量距。

三、仪器和工具

（1）每组借 DJ6 电子经纬仪 1 台（含脚架），30 米钢尺 1 把，铁花杆 2 根，记录板 1 块，木桩、小钉、油漆若干，工具包 1 个。

（2）自备：铅笔、草稿纸、计算器。

四、方法与步骤

（1）布置。实验指导教师现场进行整体布置，说明过程，给定区域，并指定已知控制点及其坐标。

（2）选点。在测区内，选定 4~5 个导线点与已知控制点，构成图根闭合导线。在各导线点打下木桩，桩顶钉上小钉（坚硬地面可用油漆作标志）标定点位，在点旁边的固定地物上用油漆标明组号及点名（逆时针方向编号）。

（3）测边。用钢尺往、返丈量各导线边的边长，读至毫米，往返丈量相对精度应满足 $k \leqslant 1/2000$ 的要求，取平均值。

（4）测角。采用测回法观测导线各内角一个测回（上、下两个半测回角值之差 $\leqslant 40''$），并按一个测回测定导线与已知方向之间的连接角。

（5）整理、检查。计算角度闭合差 $f_\beta = \sum_{i=1}^{n} \beta_i - (n-2) \times 180°$，其中 n 为所测角数，

角度闭合差应小于限差 $\left(f_{\beta容} = \pm 60'' \sqrt{n}\right)$ ，否则应检查原因或者重测。

如果导线角度闭合差超限是由其中某一个角度测错所致，可根据所量边长结果和所测角度，按一定比例尺绘制出导线图，标出导线全长闭合差，并作闭合差的垂直平分线，如果该垂线通过或接近某个导线点，则在该点测角发生错误的可能性最大。

五、注意事项

（1）选点时，应顾及架设仪器和观测的方便性，导线点间的通视性。导线边长以 40 ~ 60m 为宜。注意，不要将点选在道路中间，同一地点不同小组的导线点的间距应大于 2m。

（2）若边长较短，测角时应特别注意仔细对中和瞄准。

（3）如无起始边方位角时，可按实地大致方位假定一个数值。起始点坐标也可假定。

（3）角度观测中上、下两个半测回角值之差的限差应不超过 40″，才可收仪器迁站，否则应加测半个测回，进行比较后，剔除不满足要求的那半个测回。

（4）由于凑整误差的影响，角度闭合差调整后，改正后角值与理论值相比尚余 1″ ~ 2″，可以按照"大角大分配，小角小分配"原则进行。

六、上交资料

实验结束后，将导线测量记录表（附录二中附录表 8-1）及导线计算表（附录二中附录表 8-2 或附录二中附录表8-3）以小组为单位装订成册并上交。

Ⅱ．全站仪导线测量

一、实验目的和要求

掌握测距图根闭合导线的布设、施测和计算方法。

二、实验组织

（1）性质：综合性实验。

（2）时数：2 学时。

（3）组织：4 人一组。1 人操作全站仪，1 人记录，2 人架设看护棱镜。

三、仪器和工具

（1）每组借全站仪 1 台（含脚架），反射棱镜两套（带脚架），木桩和小钉各若干，斧子 1 把，铁花杆 1 根，工具包 1 个，记录板 1 块。

（2）自备：铅笔、草稿纸、计算器。

四、方法与步骤

（一）场地布设及观测要求

（1）布置。实验指导教师现场进行整体布置，说明过程，给定区域，并指定已知控制点及其坐标。

（2）选点。在测区内，选定 3~4 个导线点与已知控制点构成图根闭合导线（见图2-9）。在各导线点打下木桩，桩顶钉上小钉（坚硬地面可用油漆作标志）标定点位，在点旁边的固定地物上用油漆标明组号及点名（逆时针方向编号）。

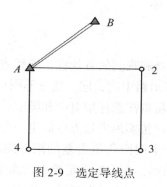

图 2-9　选定导线点

（3）测边。用全站仪测距功能往、返测量各导线边的边长，读至毫米，读数较差≤10mm；一测回内两次读数之差≤10mm。

（4）测角。采用测回法观测导线各内角一个测回（上、下两个半测回角值之差≤24″），并按一个测回测定导线与已知方向之间的连接角。

（5）整理、检查。计算角度闭合差 $f_\beta = \sum_{i=1}^{n} \beta_i - (n-2) \times 180°$，其中 n 为所测角数，角度闭合差应小于限差（$f_{\beta容} = \pm 40'' \sqrt{n}$），否则应检查原因或者重测。

如果导线角度闭合差超限是由其中某一个角度测错所致，可根据所量边长结果和所测角度，按一定比例尺绘制出导线图，标出导线全长闭合差，并作闭合差的垂直平分线，如果该垂线通过或接近某个导线点，则在该点测角发生错误的可能性最大。

（二）一个测站的操作顺序

全站仪在每一个测站的操作顺序为：安置仪器；对中、整平；测角、量距；记录数据。

（1）仪器开箱，仔细观察并记清仪器在箱中的位置，取出仪器后，及时关闭仪器箱。

（2）将全站仪安置在其中一个导线点上（如 4 点），在相邻的另外两个导线点上安置棱镜（如 A、3 点）。

（3）将全站仪和棱镜连接在三脚架上，对中、整平。

（4）在 C 点上安置全站仪后，瞄准目标 A，盘左观测水平角，按测角度键，把水平读数置零 0°00′00″，然后按测距键，记录平距（HD）；顺时针转动照准部，瞄准目标 3，记录水平角度读数，按测距键，记录平距（HD）。

之后，先用盘右观测水平角，瞄准目标 3，按测角度键，记录水平角读数，其理论读数应为 180°00′00″，检核其是否超限，再按测距键，记录平距（HD）；逆时针转动照准部，瞄准目标 A，记录水平角度读数，按测距键，记录平距（HD）。

（5）搬站，按照顺时针方向观测左角，测站顺序依次为 A—2—3—4—A，或逆时针方向观测右角，重复以上观测步骤即可。

备注：第一站，应当将全站仪架设在已知点上（如 A 点），输入测站点 A 点坐标数据之后，后视定向，瞄准 B 点，并输入后视点 B 点坐标；之后分别盘左、盘右观测水平角和距离，并记录数据，方法同上述。

五、注意事项

（1）选点时，应顾及架设仪器和观测的方便性，导线点间的通视性。导线边长以 60m 左右为宜。注意，不要将点选在道路中间，同一地点不同小组的导线点的间距应大于 2m。

（2）若边长较短，测角时应特别注意仔细对中和瞄准。

（3）如无起始边方位角时，可按实地大致方位假定一个数值。起始点坐标也可假定。

（3）角度观测中上、下两个半测回角值之差的限差应不超过 24″，才可收仪器迁站，否则应加测半个测回，进行比较后，剔除不满足要求的那半个测回。

（4）由于凑整误差的影响，角度闭合差调整后，改正后角值与理论值相比尚余 1″~2″，可以按照"大角大分配，小角小分配"原则进行。

六、上交资料

实验结束后，将导线测量记录表（附录二中附录表 8-1）及导线计算表（附录二中附录表 8-2 或附录二中附录表 8-3）以小组为单位装订成册后上交。

实验十一　三角高程测量

一、实验目的和要求

掌握三角高程测量方法。

二、实验组织

（1）性质：综合性实验。

（2）时数：课内 2 学时，课外 2 学时。

（3）组织：4 人一组。

三、仪器和工具

（1）每组借全站仪 1 台，脚架 3 个，棱镜 2 个，小钢尺 3 把，记录板 1 个，地钉若干；小钉、油漆若干。

（2）自备：铅笔、草稿纸、计算器。

四、方法与步骤

（一）场地布设及观测要求

1. 场地

在空旷的地面上选择四个间距约为 60m 的点，每个点上打入小钉，红漆标记，构成一个四个高程点的闭合环，如图 2-10 所示。

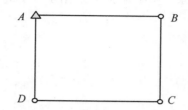

图 2-10 三角高程测量实验点位布设图

2. 技术要求

光电测距三角高程测量的技术要求见表 2-3，参见《城市测量规范 CJJ 8—99》表 4.2.15。

表 2-3 图根三角高程测量技术要求

仪器类型	中丝法竖角测回数	指标差较差竖角测回差	对向观测高差、单向两次高差较差（m）	附合路线或环线高差闭合差（mm）
DJ6	对向 1 测回单向 2 测回	≤25″	≤±0.4S	≤±40 $\sqrt{[D]}$

注：① 边长测量取 2 次读数的平均值，两次读数差不超过 10mm。

② 竖角观测 2 测回，仪器高或目标高均丈量 2 次，准确量至 mm，两次丈量值较差不大于 10mm 时，取用中数。

③ S 为边长（km），D 为测距边边长（km）。

（二）对向观测法

（1）将 4 个高程点编号，选定从其中一点开始架设仪器，相邻两点架设棱镜，对中、整平、量取仪器高及棱镜高，按表 2-3 的要求观测距离及竖直角。

（2）沿某固定方向向相邻高程点移动仪器和棱镜，重复步骤（1）的所有观测，直到闭合，所有测段都进行往返观测。

（3）计算每一测段的往返高差，并比较判断其较差是否超限，超限重测，不超限则取往返测平均值作为测段高差，并计算闭合环闭合差，超限则重测，直到合格。

五、注意事项

尽量提高视线与地面高度，这样可有效削弱地面折光的影响，提高测量精度。

六、上交资料

实验结束后，将测量实验报告（含原始观测记录表及计算成果）以小组为单位装订成册后上交。实验报告格式见附录二中附录表 9-1~附录表 9-3。

实验十二　地形图测绘

Ⅰ.经纬仪测绘法

一、实验目的和要求

掌握用经纬仪测绘法测绘大比例尺地形图的作业方法。

二、实验组织

(1)性质：综合性实验。

(2)时数：2 学时。

(3)组织：4 人一组。1 人操作经纬仪，1 人记录，1 人绘图，1 人跑点立尺。

三、仪器和工具

(1)每组借 DJ6 型电子经纬仪 1 台(含脚架)、小平板 1 块(带脚架)、视距尺 1 根、铁花杆 1 根、皮尺(30m)1 把、小钢卷尺(2m)1 把、量角器 1 块、记录板 1 块、A3 白纸 1 张、小针 1 根。

(2)自备：铅笔、橡皮、小刀、三角板、计算器。

四、方法与步骤

经纬仪测绘法是将经纬仪安置在控制点上，绘图板安置于测站旁，用经纬仪测出碎部点方向与已知方向之间的水平夹角；再用视距测量方法测出测站到碎部点的水平距离及碎部点的高程；然后根据测定的水平角和水平距离，用量角器和比例尺将碎部点展绘在图纸上，并在点的右侧注记其高程。

经纬仪测绘法的特点是在野外边测边绘，便于检查碎部点有无遗漏及观测、记录、计算、绘图有无错误；还便于就地勾绘等高线，操作简单灵活，是碎部测量的最常用方法。

1. 安置仪器

如图 2-11 所示，在实验场地上选定控制点 A，以 A 为测站点，安置经纬仪，对中、整平，量取仪器高 i 并填入手簿。在经纬仪旁支好绘图板，贴好图纸。

2. 定向后视

如图 2-11 所示，另一控制点 B(实验时也是自己选定的)，将水平度盘读数设置为 $0°00'00''$(余数可忽略)，称方向为零方向或称后视方向，如图 2-11 所示。

3. 立尺

如图 2-11 所示，司尺员依次将尺立在地物特征点(屋角、道路转弯处)1、2、3 上。地物特征点主要是地物轮廓的转折点，如房屋的房脚，围墙、电力线的转折点，道路河岸线的转弯点、交叉点，电杆、独立树的中心点等。连接这些特征点，便可得到与实地相似的地物形状。立尺前，司尺员应弄清实测范围和实地情况，选定立尺点，并与观测员、绘图员共同商定跑尺路线。

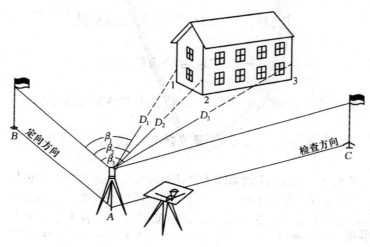

图 2-11　经纬仪测绘法

4. 观测

转动照准部，瞄准标尺，读取水平度盘读数 β 和上、中、下三丝读数、竖盘读数。

5. 展绘

碎部点用细针将量角器的圆心(见图 2-12)插在图上测站点处，转动量角器，将量角器上等于水平角值的刻划对准起始方向线，此时量角器的零方向便是碎部点方向，然后用测图比例尺按测得的水平距离在该方向上定出点的位置，并在点的右侧(或用点位代替高程小数点的位置)注明其高程。

6. 地物、地貌的勾绘

在碎部点测绘到图纸上后，需对照实地及时描绘地物和等高线。

(1)地物的描绘。地物要按地形图图式规定的符号表示。如房屋按其轮廓用直线连接；而河流、道路的弯曲部分，则用圆滑的曲线连接；对于不能按比例描绘的地物，应按相应的非比例符号表示。

(2)等高线的勾绘。地貌主要用等高线来表示，不能用等高线表示的特殊地貌，如悬崖、峭壁、陡坎、冲沟等，则用相应的特定符号表示。

7. 迁站

搬迁测站，使用同种方法测绘，直到指定范围的地形、地物均完成展绘为止。最后用图式符号进行整饰。

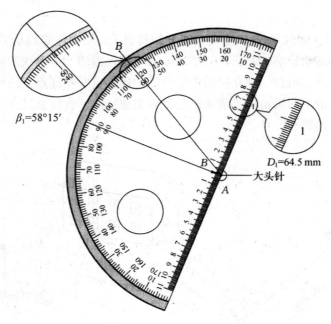

图 2-12　专用绘图量角器

五、注意事项

(1)测图比例尺可根据需要自行选定。

(2)经纬仪观测过程中，每测 20 点左右要重新瞄准起始方向进行检查，初始定向，或水平度盘读数变动 4′，则应检查所测碎部点数据。

(3)在测站上安置经纬仪，对点误差应小于 0.05mm×M(M 为测图比例尺分母)。

(4)测图过程中应保持图面整洁。碎部点高程的注记应在点位右侧，字头朝北。

六、上交资料

实验结束后，将测量实验报告(含原始观测记录表及计算成果)以小组为单位装订成册后上交。实验报告格式见附录二中附录表 10-1。

Ⅱ. 全站仪测绘法

一、实验目的和要求

(1)掌握全站仪进行大比例尺地形图数字测图外业数据采集的作业方法。

(2)掌握如何绘制现场测量草图。

二、实验组织

(1)性质：综合性实验。

（2）时数：2学时。

（3）组织：3人一组。1人操作全站仪，1人绘草图，1人跑点立尺。

三、仪器和工具

（1）每组借电子全站仪1台（含脚架）、棱镜及镜杆各2个、小钢卷尺（2m）1把、记录板1块。

（2）自备：铅笔、橡皮、草图纸等。

四、方法及步骤

（一）准备工作

（1）指导教师现场讲解实验过程、方法及注意事项。

（2）指导教师指定测区范围，介绍图根控制点的分布情况，给出其坐标和高程。

（二）野外数据采集

用全站仪进行数据采集。数据采集时，应有一位同学绘制草图。草图上须标注碎部点点号（与仪器中记录的点号对应）及属性。

（1）在图根控制点上安置全站仪，对中、整平。

（2）打开全站仪电源，并检查仪器是否正常。

（3）进入全站仪的数据采集程序，新建一个坐标文件。

（4）设置测站，输入测站点坐标，量取仪器高并输入和记录。

（5）定向和定向检查，仪器瞄准后视点，输入后视点坐标，或者将后视方位角进行定向，并选择其他已知点进行定向检查。

（6）碎部测量，测定各个碎部点的三维坐标并记录在坐标文件中，记录时注意棱镜高、点号和编码的正确性，并同时绘制草图。

（7）归零检查，每站测量一定数量的碎部点后，应进行归零检查，归零差应不超过1′。

（8）迁站，继续碎部测量，完成测区碎部点的测量。

（三）全站仪数据传输

（1）用数据传输电缆将全站仪与电脑进行连接。

（2）通过CASS 7.0运行数据传输软件，并设置通信参数（端口号、波特率、奇偶校验等）。

（3）进行数据传输，并保存到新建的一个坐标数据文件中。

（4）进行数据格式转换，将传输到计算机中的数据转换成内业处理软件能够识别的格式。

五、注意事项

（1）使用全站仪时，应严格遵守操作规程，注意爱护仪器。

（2）外业数据采集后，应及时将全站仪数据导入计算机并备份。

（3）用数据电缆连接全站仪和电脑时，应注意正确的连接方法。

六、上交资料

实验结束后，将测量实验报告(含原始观测记录表及计算成果)以小组为单位装订成册后上交。实验报告格式见附录二中的附录表 10-2。

实验十三　南方 CASS 软件的认识和使用

一、实验目的和要求

(1)掌握运用 CASS 成图软件作图的基本方法。
(2)利用 CASS 自带的数据，按要求制作一幅完整的地形图。

二、实验组织

(1)性质：验证性实验。
(2)时数：2 学时。
(3)组织：1 人一组。

三、仪器和工具

装有 AutoCAD 2005 & CASS 7.0 的计算机 1 台。

四、方法与步骤

以将 CASS 7.0 成图软件安装在 C 盘为例。
(1)打开 CASS ，进入主界面。
(2)展点。选择"绘图处理"下的"展野外测点点号"，输入野外采集的坐标点位文件 study. dat(文件路径：C：\ Program Files \ CASS70 \ DEMO)，点击"确认"，即完成了展点工作。
(3)选择"测点点号"定位。使用屏幕右侧菜单区内的"测点点号"项，按提示输入采集文件 study. dat，并点击"确认"。
(4)绘平面图。根据野外所绘草图(见图 2-13)，利用屏幕右侧菜单，依据草图，逐点绘制键(在绘第一点之前，根据提示要输入绘图比例尺，如输入"1：500"后按回车键)，如果操作失误可按回退键继续操作。具体步骤可参照 CASS 7.0 说明书的"3.2.2 内业成图"一节中"草图法"工作方式。
(5)加注记。选择屏幕右侧菜单的"文字注记"，并依照提示完成有关文字的注记。
(6)编辑和修改。选择"编辑"菜单下的"删除"菜单，点击"删除实体所在图层"，删除所展的点的注记，还可选择"编辑"和"地物编辑"菜单进行有关地物的编辑和修改。
(7)绘等高线。可参照 CASS 7.0 说明书的"3.3 绘制等高线"相关内容。主要步骤如下：
①展高程点。选择"绘图处理"菜单下的"展高程点"，根据提示输入采集文件，展出全部高程点。

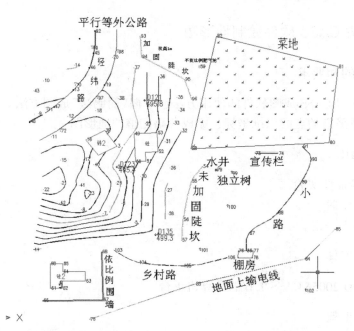

说明：（1）具体操作步骤可参考 CASS 安装目录下的 CASS70Help.chm 文件，一般路径为：C：\ Program Files\CASS70\SYSTEM\CASS70Help.chm；

（2）图中未说明的曲线为等高线，可由测得的高程离散点自动生成。详细操作步骤可参考 CASS70Help. chm 文件中的第三章"测制地形图"。

路灯：69　70　71　72　97　98

埋石图根点：1　2　4

独立树：99　100　101　102

图 2-13　草图

②建立数据地面模型（DTM）。选择"等高线"菜单下"数据文件生成 DTM"，依提示输入采集文件，建立 DTM。

③绘等高线。选择"等高线"菜单下的"绘等高线"，输入适当的等高距，并选择"三次 B 样条拟合"，即可绘制等高线。

④等高线修剪。选择"等高线"菜单下的"等高线修剪"，对等高线进行必要的修剪。同时注记计曲线。

⑤绘图框。选择"绘图处理"菜单下的"标准图幅"，并依据提示填入图名、测量员、绘图员、检查员的姓名，选择图廓西南角点坐标并按回车键，在"删除图框外实体"前打勾，确认后即可完成一幅图形的绘制。

⑥图形文件保存。根据文件菜单下的图形保存菜单对图形进行保存。

五、上交资料

实验结束后，每人上交一份纸质实验报告与电子实验报告（包含具体步骤）。实验报告格式见附录表 11。

实验十四　南方 CASS 软件绘制地形图

一、实验目的和要求

(1)进一步学习 CASS 成图软件的使用方法，掌握"简码法"成图方法。

(2)根据野外采集的点的三维坐标，完成一幅完整的地形图。

二、实验组织

(1)性质：验证性实验。

(2)时数：2 学时。

(3)组织：1 人一组。

三、仪器和工具

装有 AutoCAD 2005&CASS 7.0 的计算机 1 台。

四、方法与步骤

1."简码法"DEMO 演示

(1)学习"简码法"文件格式。用"记事本"打开 CASS 安装目录中的 YMSJ. dat 文件，(文件路径：C：\Program Files\CASS70\DEMO)，了解"简码法"数据文件中编码一列的编码规则。

(2)定显示区。选择"绘图处理/定显示区"，再选择"C：\Program Files\CASS70\DEMO\YMSJ. dat"。

(3)简码识别。选择"绘图处理/简码识别"，选择系统示例数据 YMSJ. dat，比例尺缺省为 1：500。

2."草图法"成图

根据实验十二中的第二部分"全站仪测绘法"野外采集的点的三维坐标，按照实验十三的方法和步骤，完成一幅完整的地形图。

3."简码法"成图

打开实验十二Ⅱ"全站仪测绘法"野外采集的点的三维坐标，修改原始数据的编码一列，按照"简码法"成图的方法和步骤，实现利用南方 CASS 进行自动或半自动的展点成图。

五、注意事项

(1)注意保存文件，即使在操作过程中也要不断地进行数据存盘，以防操作不慎导致数据丢失。

(2)作图时，最好不要把数据文件或图形保存在 CASS 7.0 及其子目录下，应该创建工作目录。例如，在 C 盘根目录下创建 DATA 目录，用来存放数据文件；在 C 盘根目录下创建 DWG 目录，用来存放图形文件。

（3）在执行各项命令时，每一步都要注意看下部命令区的提示。当出现"命令："提示时，要求输入新的命令；出现"选择对象："提示时，是要求选择对象等。

（4）当一个命令未执行完时最好不要执行另一个命令。

（5）若要强行终止命令，可按键盘左上角的"Esc"键或按"Ctrl"键的同时按下"C"键，直到出现"命令："提示为止。

（6）有些命令有多种执行途径，可根据自己的喜好灵活选用快捷工具按钮、下拉菜单或在命令行输入命令。

（7）新图式（2007）版，图框外已无"测量员绘图员"信息。右下角只有"批注"。

六、上交资料

实验结束后，每人上交一份纸质实验报告与电子实验报告（包含具体步骤）。实验报告格式见附录二中附录表12。

实验十五　数字地形图的应用

一、实验目的和要求

在数字化地形图上进行基本的工程应用，要求掌握：
（1）基本几何要素的查询；
（2）土石方量的计算。

二、实验组织

（1）性质：验证性实验。
（2）时数：4学时。
（3）组织：1人一组。

三、仪器和工具

装有 AutoCAD 2005&CASS 7.0 的计算机 1 台。

四、方法与步骤

参照本书第 4 章 4.7 节"数字地形图的应用"以及 CASS 7.0 说明书，完成以下实验：
1. 基本几何要素的查询
（1）查询指定点坐标。
（2）查询两点距离及方位。
（3）查询线长。
（4）查询实体面积。
（5）计算表面积。
2. 土石方量的计算
（1）DTM 法土石方计算。

（2）方格网法土石方计算。

（3）区域土石方量平衡。

五、上交资料

实验结束后，每人上交一份纸质实验报告与电子实验报告（包含具体步骤）。实验报告格式见附录二中附录表 13。

2.3 仪器检验与校正

实验十六 水准仪检验与校正

一、实验目的和要求

（1）了解水准仪各轴线间应满足的几何条件。

（2）掌握 DS3 型水准仪的检验与校正方法。

二、实验组织

（1）性质：验证性实验。

（2）时数：2 学时。

（3）组织：4 人一组。1 人观测、检校，1 人记录，2 人立尺。

三、仪器和工具

（1）每组借 DS3 级微倾式水准仪（或自动安平水准仪）1 台、水准尺 1 对、皮尺 1 把、尺垫 2 个、小螺丝刀 1 把、校正针 1 根，记录板 1 块。

（2）自备：铅笔、小刀、草稿纸。

四、方法与步骤

（一）了解水准仪的轴线及其应满足的几何条件

如图 2-14 所示，CC_1 为视准轴，LL_1 为水准管轴，$L'L_1'$ 为圆水准轴，VV_1 为仪器旋转轴（纵轴）。CC_1 为望远镜视准轴，LL_1 为水准管轴，$L'L_1'$ 为圆水准器轴，VV_1 为竖轴。

根据水准测量原理，水准仪必须提供一条水平视线，据此在水准尺上读数，才能正确地测定地面两点间的高差。为此，水准仪应满足下列条件：

（1）圆水准器轴应平行于仪器的纵轴（$L' \parallel V$）。

（2）十字丝的中丝（横丝）应垂直于仪器的纵轴。

（3）水准管轴应平行于视准轴（$L \parallel C$）。

（二）一般性检验

安置仪器后，先要检验三脚架的稳定性，制动及微动螺旋、微倾螺旋、脚螺旋、调焦螺旋等是否有效，望远镜成像是否清晰。

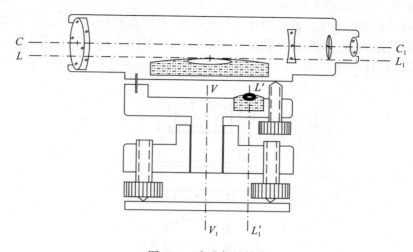

图 2-14　水准仪的轴线

（三）轴线几何条件的检验与校正

1. 圆水准器轴平行于纵轴（$L' /\!/ V$）的检验与校正

目的：使圆水准器轴平行于纵轴（$L' /\!/ V$）。

检验：旋转脚螺旋，使圆水准气泡居中（见图 2-15（a））。然后将仪器绕纵轴旋转 180°，如果气泡偏于一边（见图 2-15（b）），说明 L' 不平行于 V，需要校正。

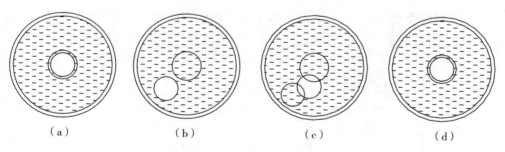

（a）　　　　　　（b）　　　　　　（c）　　　　　　（d）

图 2-15　圆水准器的检验与校正

校正：转动脚螺旋，使气泡向圆水准器中心移动偏距的一半（见图 2-15（c）），然后用校正针拨圆水准器底下的 3 个校正螺丝，使气泡居中（见图 2-15（d））。

某些水准仪的圆水准器底下，除了有 3 个校正螺丝以外，中间还有一个固定螺丝（见图 2-16）。在转动校正螺丝之前，应先转松一下这个固定螺丝；校正完毕，再转紧固定螺丝。

检校原理：设圆水准轴不平行于纵轴，两者的交角为 α。转动脚螺旋，使圆水准器气泡居中，则圆水准轴位于铅垂位置，而纵轴则倾斜了一个角 α（见图 2-17（a））。当仪器绕纵轴旋转 180°后，圆水准器已转到纵轴的另一边，而圆水准轴与纵轴的夹角 α 未变，故此时圆水准轴相对于铅垂线就倾斜了 2α 的角度（见图 2-17（b）），气泡偏离中心的距离相应于 2α 的倾角。因为仪器的纵轴相对于铅垂线仅倾斜了一个 α 角，所以，旋转脚螺旋使气泡向中心移动偏距的一半，纵轴即处于铅垂位置(见图 2-17(c))。最后，拨动圆水准器校正螺丝，使气泡居中，则圆水准轴也处于铅垂位置(见图 2-17(d))，从而达到了使圆水准轴平行于纵轴的目的。

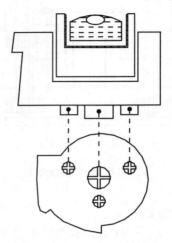

图 2-16　圆水准器的校正螺丝

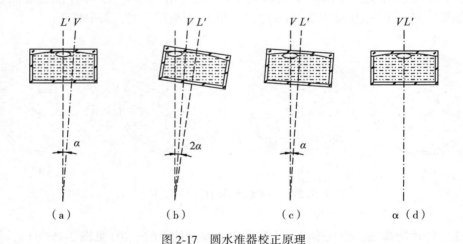

图 2-17　圆水准器校正原理

2. 十字丝横丝垂直于竖轴的检验与校正

目的：水准仪整平后，十字丝的横丝应水平，纵丝应铅垂，即横丝应垂直于仪器的纵轴。

检验：整平仪器后，用十字丝交点瞄准一个清晰目标点 P(见图 2-18(a))，旋紧制动螺旋，转动微动螺旋，如果 P 点在望远镜中左右移动时离开横丝，表示纵轴铅垂时横丝不水平，需要校正。

校正：旋下靠目镜处的十字丝环外罩，用螺丝刀松开十字丝组的四个固定螺丝（见图2-18(b)），按横丝倾斜的反方向转动十字丝环，再进行检验。如果转动微动螺旋，P点始终在横丝上移动，则表示横丝已水平（纵丝自然铅垂），最后转紧十字丝组的固定螺丝。

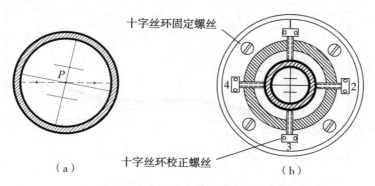

十字丝环固定螺丝

十字丝环校正螺丝

（a）　　　　　　　　　　　（b）

图 2-18　十字丝的检验和校正

3. 水准管轴平行于视准轴($L//C$)的检验与校正

目的：使水准管轴平行于视准轴($L//C$)。

检验：设水准管轴不平行于视准轴，它们之间的交角为i（见图2-19）。当水准管气泡居中时，视准轴不在水平线上而倾斜了i角，水准仪至水准尺的距离越远，由此引起的读数偏差也越大。当仪器至尺子的前后视距离相等时，则在两根尺子上的读数偏差x也相等，因此对所求高差不受影响。前、后视距离相差越大，则i角对高差的影响也越大。视准轴不平行于水准管轴的误差也称i角误差。

检验时，在平坦地面上选定相距60~80m的A、B两点，打木桩或安放尺垫，竖立水准尺。在第一个测站，将水准仪安置于A、B的中点C，精平仪器后分别读取A、B点上水准尺的读数a_1'、b_1'；改变水准仪高度10cm以上，再次读取两水准尺的读数a_1''、b_1''。前后两次分别计算高差，对于DS3级水准仪，高差之差如果不大于5mm，则取其平均数，作为A、B两点间不受i角影响的正确高差：

$$h_1 = \frac{1}{2}\left[(a_1' - b_1') + (a_2'' - b_2'')\right]$$

将水准仪搬到与B点相距约2m处的第二个测站，精平仪器后分别读取A、B点水准尺读数a_2、b_2，又测得高差$h_2 = a_2 - b_2$。对于DS3级水准仪，如果h_1与h_2的差值不大于5mm，则可以认为水准管轴平行于视准轴。否则，按下列公式计算第二个测站上视准轴水平时的A尺应有读数a_2'以及水准管轴与视准轴的交角（视线的倾角）i：

$$a_2' = h_1 + b_2$$

$$i = \frac{|a_2 - a_2'|}{D_{AB}} \cdot \rho''$$

式中：D_{AB}为A、B两点间的距离。

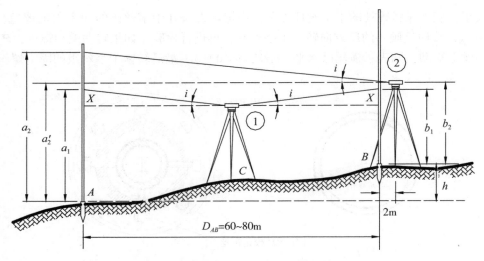

图 2-19 水准管轴平行于视准轴的检验

校正：对于 DS3 级水准仪，当 $i > 20''$ 时，需要进行水准管轴平行于视准轴的校正。校正的方法有以下两种。

1）校正水准管

在第二个测站上，转动微倾螺旋，使横丝在 A 尺上的读数从 a_2 移到 a_2'，此时视准轴已水平，但水准管气泡不居中。用校正针拨转水准管位于目镜一端的上、下两个校正螺丝，如图 2-20 所示，使水准管气泡两端的影像符合（居中）。此时，水准管轴也处于水平位置，满足 $L//C$ 的条件。

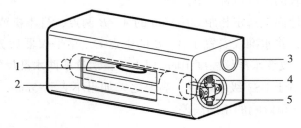

1—水准管；2—水准管照明窗；3—气泡观察窗；4—上校正螺丝；5—下校正螺丝
图 2-20 水准管校正螺丝

校正水准管前，应首先确定是要抬高还是降低水准管有校正螺丝的一端（靠近目镜端），以决定校正螺丝的转动方向。如图 2-21(a)所示的气泡影像，表示水准管的目镜端需要抬高；应先旋进上面的校正螺丝，松开一定空隙，然后再旋出下面的校正螺丝，使其抬高并抵紧。如图 2-21(b)所示则相反，需要降低目镜一端，应先旋进下面的校正螺丝，松开空隙，然后再旋出上面的校正螺丝，使其降低并抵紧。这种成对的校正螺丝，在进行校正时，必须掌握螺丝旋进旋出的规律和遵照"先松后紧"的规则；否则，不但不能达到校正的目的，而且容易损坏校正螺丝。

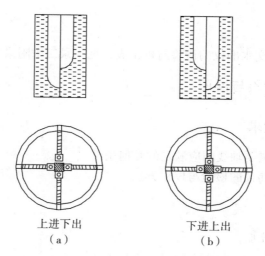

上进下出
（a）

下进上出
（b）

图 2-21　水准管校正螺丝的转动规则

2）校正十字丝

在第二个测站上，使水准管气泡保持居中，水准管轴水平。旋下十字丝环外罩，转动十字丝环的上、下两个校正螺丝（图 2-18（b）中的 1、3），十字丝就会上、下移动，使横丝对准 A 尺上的正确读数 a'_2，并保持视准轴水平，满足 L//C 的条件。

用校正针转动十字丝校正螺丝前，必须先看清是需要抬高还是降低横丝，并遵照"先松后紧"的规则转动校正螺丝。例如，如果需要抬高横丝，则先旋出上面的校正螺丝松开一定空隙，然后旋进下面的校正螺丝，使十字丝环抬高并抵紧。

4. 自动安平水准仪的检验校正

圆水准器轴平行于竖轴及十字丝横丝垂直于竖轴的检验和校正与一般水准仪相同。当圆水准器气泡居中时，视线水平的检验与一般水准仪的水准管轴平行于视准轴的检验相同，校正只能校正十字丝。

自动安平水准仪还应增加一项补偿器棱镜的功能是否正常的检验：瞄准水准尺并读数，用手轻击三脚架架腿，可看到十字丝产生震动（或稍稍转动任一脚螺旋，圆水准器气泡仍然保持在居中位置），若十字丝的横丝仍瞄准原来的读数，则说明补偿器棱镜的功能正常。

五、注意事项

（1）必须按实验步骤规定的顺序进行检验校正，不能任意颠倒。

（2）转动校正螺丝时应先松后紧，松紧适度；校正完毕的螺丝应处于稍紧状态。

（3）仪器检验与校正是一项难度较大的细致工作，必须经严格检验，确定需要校正时，才能进行，决不可草率从事。检校仪器时需重复进行，直到满足要求为止。

（4）需用校正针校正时，校正针粗细应与校正螺丝孔径相适应；否则会损坏校正螺丝孔径。

六、上交资料

实验结束后，应上交水准仪的检验与校正表，见附录二中附录表 14。

实验十七　经纬仪检验与校正

一、实验目的和要求

(1) 了解经纬仪的主要轴线间应满足的几何条件。
(2) 掌握 DJ6 型经纬仪的检验与校正方法。

二、实验组织

(1) 性质：验证性实验。
(2) 时数：2 学时。
(3) 组织：2 人一组。

三、仪器和工具

(1) 每组借 DJ6 级光学经纬仪 1 台、小螺丝刀 1 把、校正针 1 根，记录板 1 块。
(2) 自备：铅笔、小刀、草稿纸。

四、方法与步骤

(一) 了解经纬仪的轴线及其应满足的几何条件

如图 2-22 所示，经纬仪的主要轴线有：平盘水准管轴 LL_1、圆水准轴 $L'L'_1$、仪器的旋转轴(即纵轴) VV_1、望远镜视准轴 CC_1、望远镜的旋转轴(即横轴) HH_1。

根据水平角和垂直角的观测原理，经纬仪的主要轴线间应满足的几何条件有：

(1) 平盘水准管轴应垂直于纵轴 ($L \perp V$)；
(2) 圆水准器轴应平行于纵轴 ($L' \mathbin{/\!/} V$)；
(3) 十字丝竖丝应垂直于横轴；
(4) 视准轴应垂直于横轴 ($C \perp H$)；
(5) 横轴应垂直于纵轴 ($H \perp V$)；
(6) 竖盘指标差应小于规定的数值；
(7) 光学对中器的视准轴应与纵轴相重合。

(二) 一般性检验

安置仪器后，先检查三脚架是否牢固，架腿伸缩是否有效，水平制动、微动螺旋是否有效，望远镜制动、微动螺旋是否有效，照准部转动是否灵活，望远镜转动是否灵活，望远镜成像是否清晰，读数系统成像是否清晰，脚螺旋是否有效。

(三) 经纬仪的检验与校正

1. 照准部水准管轴应垂直于纵轴的检验与校正

检验：首先将仪器粗略整平，然后转动照准部使水准管平行于任意两个脚螺旋连线方

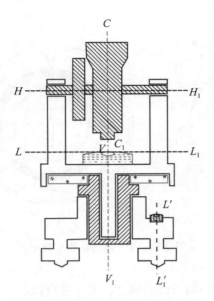

图 2-22 经纬仪的轴线

向，调节这两个脚螺旋使水准管气泡居中，再将仪器旋转 180°，如果气泡仍然居中，表明条件满足，否则需要校正。

校正：相对地转动平行于水准管的一对脚螺旋，使气泡向中央移动偏离格数的一半；然后用校正针拨动水准管一端的校正螺丝（注意先放松一个，再旋紧另一个），使气泡居中。这项检验校正需反复进行几次，直到照准部旋转 180° 后水准管气泡的偏离在一格以内。

2. 圆水准器轴平行于纵轴的检验与校正

经过平盘水准管轴垂直于纵轴的检验和校正以后，用平盘水准管严格整平仪器，此时，纵轴已经铅垂，安装在基座上的圆水准器气泡应该居中，否则需要进行校正。需要校正时，可以用校正针转动圆水准器底部的校正螺旋，使圆水准器气泡居中。

3. 十字丝的竖丝应垂直于横轴的检验与校正

检验：用十字丝竖丝的上端或下端精确对准远处一明显的目标点，固定水平制动螺旋和望远镜制动螺旋，用望远镜微动螺旋使望远镜上下作微小俯仰，如果目标点始终在竖丝上移动，说明条件满足。否则，需要校正，如图 2-23(a)所示。

校正：卸下目镜处的十字丝环罩，如图 2-23(b)所示，微微旋松十字丝环的四个固定螺丝，转动十字丝环，直至望远镜上下俯仰时竖丝与点状目标始终重合为止。最后拧紧各固定螺丝，并旋上护盖。

4. 视准轴应垂直于横轴的检验与校正

（1）检验：在大致水平方向选择一个清晰目标点 P，盘左，在十字丝交点附近瞄准 P 点，水平度盘读数为 L；盘右，瞄准 P 点，水平度盘读数为 R。如果

$$|L - (R \pm 180°)| > 20''$$

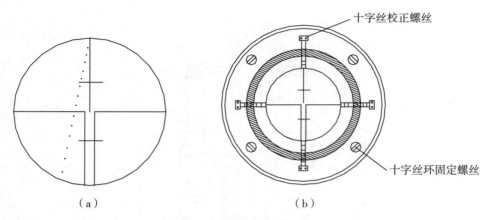

十字丝校正螺丝

十字丝环固定螺丝

（a）　　　　　　　　　　（b）

图 2-23　十字丝的检验与校正

则认为视准轴垂直于横轴的条件未满足，需要进行校正。

（2）校正：计算盘右瞄准目标 P 时的水平度盘应有读数（因检验时最后瞄准目标为盘右位置）为

$$\overline{R} = \frac{1}{2}[R + (L \pm 180°)]$$

旋转水平微动螺旋，使盘右的水平度盘读数为 $\overline{R}$，此时，十字丝纵丝必定偏离目标，用校正针拨动左右一对十字丝校正螺丝，如图 2-23（b）所示，使纵丝对准目标 P。

5. 横轴应垂直纵轴的检验与校正

检验：在距墙壁 15~30m 处安置经纬仪，在墙面上设置一明显的目标点 P（可事先做好贴在墙面上），如图 2-24 所示，要求望远镜瞄准 P 点时的仰角在 30° 以上。盘左位置瞄准 P 点，固定照准部，调整竖盘指标水准管气泡居中后，读竖盘读数 $\alpha_{左}$，然后放平望远镜，照准墙上与仪器同高的一点 P_1，做出标志。盘右位置同样瞄准 P 点，读得竖盘读数 $\alpha_{右}$，放平望远镜后在墙上与仪器同高处得出另一点 P_2，也做出标志。若 P_1、P_2 两点重合，说明条件满足。也可用带毫米刻划的横尺代替与望远镜同高时的墙上标志。若 P_1、P_2 两点不重合，则需要校正。

校正：如图 2-24 所示，在墙上定出的中点 P_1P_2 的中点 P_M。调节水平微动螺旋使望远镜瞄准 P_M 点，再将望远镜往上仰，此时，十字丝交点必定偏离 P 点而照准 P' 点。校正横轴一端支架上的偏心环，使横轴的一端升高或降低，移动十字丝交点位置，并精确照准 P 点。

由于近代光学经纬仪的制造工艺能确保横轴与竖轴垂直，且将横轴密封起来，故使用仪器时，一般对此项目只进行检验，如需校正，应由仪器修理人员进行。

6. 经纬仪竖盘指标差及其检校

检验：在地面上安置好经纬仪，用盘左、盘右分别瞄准同一目标，正确读取竖盘读数 $\alpha_{左}$ 和 $\alpha_{右}$，竖盘指标差可以通过下式求得，当 x 的绝对值大于 30″ 时，应加以校正。

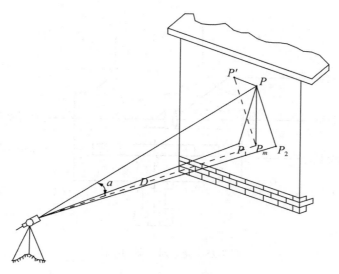

图 2-24 横轴的检验与校正

$$x = \frac{1}{2}(\alpha_{右} - \alpha_{左})$$

或

$$x = \frac{1}{2}[360° - (L + R)]$$

校正：盘右位置，照准原目标，调节竖盘指标水准管微动螺旋，使竖盘读数对准正确读数 $\alpha_{右正}$：

$$\alpha_{右正} = \alpha + 盘右视线水平时的读数$$

此时，竖盘指标水准管气泡不居中，调节竖盘指标水准管校正螺丝，使气泡居中，注意勿使十字丝偏离原来的目标。反复检校，直至指标差小于限差为止。

具有垂直补偿器的仪器，竖盘指标差的检验方法与上述相同，若指标差超限，则必须校正，应送仪器检修部门进行检修。

7. 光学对中器的检验与校正

检验：光学对中器是由目镜、分划板、物镜和直角棱镜组成，如图 2-25 所示。检验时，将仪器架于一般工作高度，严格整平仪器，在脚架的中央地面放置一张白纸，在白纸上画一"十"字形的标志 A。移动白纸，使对中器视场中的小圆圈中心对准标志，将照准部在水平方向旋转 180°，如果小圆圈中心偏离标志 A，而得到另外一点 A'，则说明对中器的视准轴没有和仪器的纵轴重合，需要校正。

校正：定出 A，A' 两点的中点 O，用对中器的校正螺丝使中心标志对准 O 点，然后再作一次旋转照准部 180° 的检验。

五、注意事项

（1）爱护仪器，不得随意拨动仪器的各个校正螺丝。
（2）需要校正部分，应向指导教师说明仪器的相关资料，待同意后进行校正。

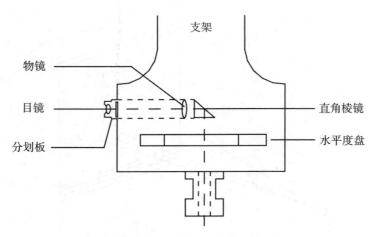

图 2-25　光学对中器的结构

（3）各项检验顺序不能颠倒，在检验过程中要同时填写实验报告。

（4）检验与校正完成后，要将各个校正螺丝拧紧，以防脱落。

（5）校正后应再做一次检验，看是否满足要求。

六、上交资料

实验结束后，应上交经纬仪的检验与校正表，见附录二中附录表 15。

实验十八　全站仪检验与校正

一、实验目的和要求

（1）熟悉全站仪的主要轴系。

（2）掌握各轴系关系需要满足的条件。

（3）掌握全站仪基本项目的检验与校正方法。

二、实验组织

（1）性质：验证性实验。

（2）时数：2 学时。

（3）组织：2 人一组。

三、仪器和工具

（1）每组借全站仪 1 套（含三脚架 1 个、目标杆 1 根、棱镜与觇牌 1 套）、小螺丝刀 1 把、校正针 1 根，记录板 1 块、小钢尺 1 把。

（2）自备：铅笔、草稿纸。

四、方法与步骤

（一）了解全站仪的轴线及其应满足的几何条件

如图 2-26 所示，全站仪的主要轴线有：仪器旋转轴 VV_1（简称竖轴），望远镜的旋转轴 HH_1（简称横轴），望远镜的视准轴 CC_1 和照准部水准管轴 LL_1，以及望远镜中的十字横丝、十字竖丝。

这些轴线要满足的条件有：

（1）照准部水准管轴应垂直于竖轴（$L \perp V$）；

（2）圆水准器轴平行于纵轴（$L' /\!/ V$）；

（3）由于观测水平角时常用竖丝瞄准目标，所以要求竖丝垂直于横轴；

（4）视准轴应垂直于横轴（$C \perp H$）；

（5）激光对点器的光轴应与纵轴相重合。

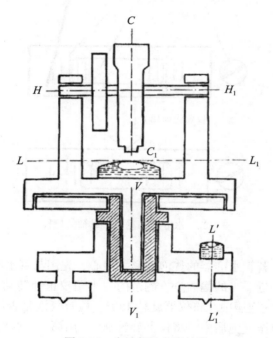

图 2-26　全站仪的主要轴线

（二）一般性检验

安置仪器后，先检查三脚架是否牢固，架腿伸缩是否有效，水平制动、微动螺旋是否有效，望远镜制动、微动螺旋是否有效，照准部转动是否灵活，望远镜转动是否灵活，望远镜成像是否清晰，脚螺旋是否有效。

（三）经纬仪部分的检验

1. 照准部水准管轴应垂直于纵轴的检验与校正

检验：如图 2-27 所示，松开水平制动螺旋，转动仪器使管水准器平行于某一对脚螺旋 A、B 的连线，再旋转脚螺旋 A、B，使管水准器气泡居中。将仪器绕竖轴旋转 90°，再旋转另一个脚螺旋 C，使管水准器气泡居中。再次将仪器旋转 90°，重复以上步骤，直到四个位置上气泡居中为止。

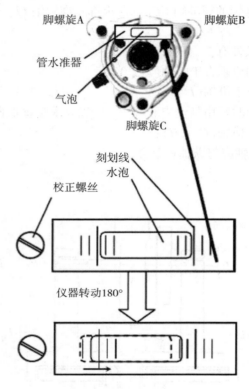

图 2-27　水准管轴垂直于纵轴的检校

　　校正：在检验时，若管水准器的气泡偏离了中心，先用与管水准器平行的脚螺旋进行调整，使气泡向中心移近一半的偏离量。剩余的一半用校正针转动水准器校正螺丝（在水准器右边）进行调整至气泡居中。将仪器旋转 180°，检查气泡是否居中。如果气泡仍不居中，重复以上步骤，直至气泡居中。将仪器旋转 90°，用第三个脚螺旋调整气泡居中。
　　重复检验与校正步骤直至照准部转至任何方向气泡均居中为止。
　　2. 圆水准器轴平行于纵轴的检验与校正
　　检验：管水准器检校正确后，若圆水准器气泡亦居中就不必校正。
　　校正：如图 2-28 所示，若气泡不居中，用校正针或内六角扳手调整气泡下方的校正螺丝使气泡居中。校正时，应先松开气泡偏移方向对面的校正螺丝（1 或 2 个），然后拧紧偏移方向的其余校正螺丝使气泡居中。气泡居中时，3 个校正螺丝的紧固力均应一致。
　　3. 十字丝的竖丝应垂直于横轴的检验与校正
　　检验：如图 2-29 所示，整平仪器后在望远镜视线上选定一目标点 A，用分划板十字丝中心照准 A 并固定水平和垂直制动手轮。转动望远镜垂直微动手轮，使 A 点移动至视

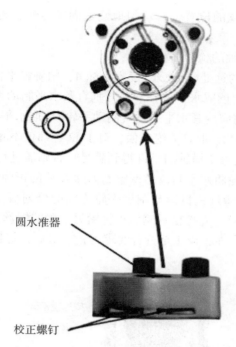

图 2-28　圆水准器轴垂直于纵轴的检校

场的边沿（A' 点）。如图 2-29（a）所示，若 A 点是沿十字丝的竖丝移动，即 A' 点仍在竖丝之内的，则十字丝不倾斜不必校正。A' 点偏离竖丝中心，则十字丝倾斜，需对分划板进行校正。

　　校正：如图 2-29（b）所示，首先取下位于望远镜目镜与调焦手轮之间的分划板座护盖，便看见四个分划板座固定螺丝。用螺丝刀均匀地旋松该四个固定螺丝，绕视准轴旋转

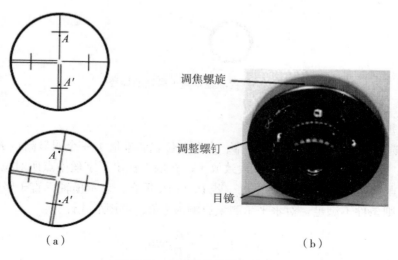

（a）　　　　　　　　　　　　　　　　　（b）

图 2-29　十字丝的检验与校正

53

分划板座，使 A' 点落在竖丝的位置上。均匀地旋紧固定螺丝，再用上述方法检验校正结果。将护盖安装回原位。

4. 视准轴应垂直于横轴的检验与校正

检验：距离仪器同高的远处（20m 外）设置目标 A，精确整平仪器并打开电源。在盘左位置将望远镜照准目标 A，读取水平角 L'。松开垂直及水平制动手轮，将仪器倒镜（盘右）再次照准同一 A 点（照准前应旋紧水平及垂直制动手轮）读取水平角 R'。

$C = [L' - ('\pm 180°)]/2$，取 C 的绝对值，对于 J2 经纬仪不超过 4″，对于 J6 经纬仪不超过 15″，则认为视准轴垂直于横轴的条件得到满足，否则需进行校正。

校正：用水平微动手轮将水平角读数调整到消除 C 后的正确读数 $[L' + (R' \pm 180°)]/2$。如图 2-30 所示，取下位于望远镜目镜与调焦手轮之间的分划板座护盖，调整分划板上水平左右两个十字丝校正螺丝，先拧松一侧后再拧紧另一侧的螺丝，移动分划板使十字丝中心照准目标 A。重复检验步骤，校正至符合要求为止。最后，将护盖安装回原位。

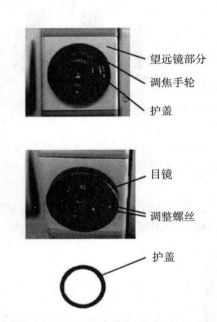

望远镜部分

调焦手轮

护盖

目镜

调整螺丝

护盖

图 2-30　视准轴垂直于横轴的检校

5. 横轴垂直于竖轴的检验与校正

检验：选择较高墙壁近处安置仪器。在盘左位置瞄准墙上一个明显高点 P。要求仰角应大于 30°。固定照准部，将望远镜大致放平。在墙上标出十字丝中点所对位置 P_1，再用盘右瞄准 P 点，同法在墙上标出 P_2 点。若 P_1 与 P_2 重合，表示横轴垂直于竖轴；若 P_1 与 P_2 不重合，则条件不满足，对水平角测量影响为 i 角，可用下式计算：

$$i = \frac{p_1 p_2}{2} \times \frac{\rho}{D}\cot\alpha$$

式中：ρ 以秒计，D 为仪器至 P_M 的距离。对于 DJ6 型经纬仪，若 $i > 20″$ 则需校正。

校正：用望远镜瞄准 P_1、P_2 直线的中点 P_M，固定照准部；然后抬高望远镜使十字丝交点移到 P' 点。由于 i 角的影响，P' 与 P 不重合。校正时应打开支架护盖，放松支架内的校正螺丝，使横轴一端升高或降低，直到十字丝交点对准 P 点。注意：由于经纬仪横轴密封在支架内，该项校正应由专业维修人员操作。

6. 激光对点器的检验与校正

检验：将仪器安置到三脚架上并固定好，仪器正下方放置一个十字标志。如图 2-31 (a)所示，转动仪器基座的三个脚螺旋，使激光点与地面十字标志重合。使仪器转动 180°，观察激光点与地面十字标志是否重合；如果重合，则无须校正；如果有偏移，则需进行调整。

校正：将仪器从三爪基座上卸下；将仪器底部的保护盖螺丝逆时针旋转，卸下对点器保护盖（图 2-31(b)）；将仪器重新安装在三爪基座上。在三脚架上将仪器固定好，正下方放置十字标志；转动仪器基座的脚螺旋，使激光对点的中心与地面十字标志重合；将仪器水平转动 180°，用校正针调整两颗调整螺钉，使地面十字标志向激光对点中心移动一半（一共有三颗螺钉，如图 2-31(c)、(d)所示此颗螺钉不可用校正针调整）。这项工作要反复进行，直至任意方向转动仪器，地面十字标志与激光对点中心始终重合为止。

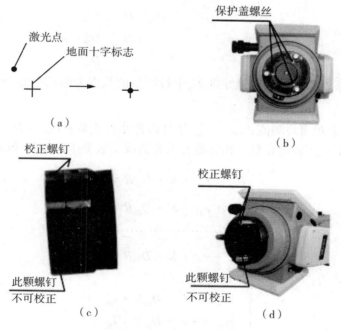

图 2-31 激光对点器的检校

(四)测距仪部分的检验

1. 测距仪加常数简易测定

(1)在通视良好且平坦的场地上，设置 A、B 两点，AB 长约 200m，定出 AB 的中间点 C。分别在 A、B、C 三点上安置三脚架和基座，高度大致相等并严格对中。

（2）全站仪依次安置在 A、C、B 三点上测距，观测时应使用同一反射棱镜。测距仪置 A 点时测量距离 D_{AC}、D_{AB}；测距仪置 C 点时测量距离 D_{AC}、D_{CB}；测距仪置 B 点时测量距离 D_{AB}、D_{CB}。

（3）分别计算 D_{AB}、D_{AC}、D_{CB} 的平均值，按下式计算加常数：

$$K = D_{AB} - (D_{AC} + D_{CB})$$

K 应接近等于 0；若 $|K| > 5\text{mm}$，则应送标准基线场进行严格的检验，然后依据检验值进行校正。

2. 用六段比较法测定测距仪的加、乘常数

比较法是通过被检测的仪器在基线场上取得观测值，将测定值与已知基线值进行比较，从而求得加常数 K 和乘常数 R 的方法。下面介绍"六段比较法"。

为提高测距精度，需增加多余观测，故采用全组合观测法，此法共需观测 21 个距离值。

在六段法中，点号一般取 0、1、2、3、4、5、6、则需测定的距离如下：

$$
\begin{array}{cccccc}
D_{01} & D_{02} & D_{03} & D_{04} & D_{05} & D_{06} \\
& D_{12} & D_{13} & D_{14} & D_{15} & D_{16} \\
& & D_{23} & D_{24} & D_{25} & D_{26} \\
& & & D_{34} & D_{35} & D_{36} \\
& & & & D_{45} & D_{56} \\
& & & & & D_{56}
\end{array}
$$

为了全面考察仪器的性能，最好将 21 个被测量的长度大致均匀地分布于仪器的最佳测程以内。

设 $D_{01} \sim D_{56}$ 为距离观测值；$v_{01} \sim v_{56}$ 为 21 段距离改正数；$\overline{D}_{01} \sim \overline{D}_{56}$ 为 21 段基线值。距离观测值加上距离改正数、加常数和乘常数改正数等于已知基线值，则

$$
\begin{cases}
D_{01} + v_{01} + K + D_{01}R = \overline{D}_{01} \\
D_{02} + v_{02} + K + D_{02}R = \overline{D}_{02} \\
\cdots\cdots\cdots\cdots\cdots\cdots\cdots \\
D_{56} + v_{56} + K + D_{56}R = \overline{D}_{56}
\end{cases}
$$

则误差方程式为：

$$
\begin{cases}
v_{01} = -K - D_{01}R + l_{01} \\
v_{02} = -K - D_{02}R + l_{02} \\
\cdots\cdots\cdots\cdots\cdots\cdots \\
v_{56} = -K - D_{56}R + l_{56}
\end{cases}
$$

式中，$l_{01} \sim l_{56}$ 为基线值与观测值之差，如 $l_{01} = \overline{D}_{01} - D_{01}$，进而可组成法方程式求得加常数 K 和乘常数 R。

五、注意事项

（1）爱护仪器，不得随意拨动仪器的各个校正螺丝。

（2）需要校正部分，应向指导教师说明仪器的关系资料，待同意后进行校正。

（3）检验与校正完成后，要将各个校正螺丝拧紧，以防脱落。

六、上交资料

实验结束后，应上交经纬仪的检验与校正表，见附录二中附录表16。

第3章 工程测量实验

实验十九 点位的测设

一、实验目的和要求

(1)掌握建筑物轴线测设的基本方法。
(2)掌握建筑施工中高程测设的基本方法。

二、实验组织

(1)性质:验证性实验。
(2)时数:2学时。
(3)组织:4人一组。

三、仪器和工具

(1)每组借 DS3 水准仪 1 台、水准仪脚架 1 个、水准尺 1 副、尺垫 1 副、记录板 1 块、全站仪 1 套、棱镜 1 组、2m 钢尺 1 把、铁锤 1 把、木桩若干、钢钉若干等。
(2)自备:铅笔、草稿纸、计算器。

四、方法与步骤

(一)已知水平角放样的方法与步骤

1. 一般方法

采用一般方法测设已知水平角(也称为拨角),就是根据一已知方向测设出另一方向,使它们的夹角等于已知的设计角值,如图 3-1 所示。

设 AB 为地面已有方向,欲测设水平角 β,操作步骤如下:

测设方法(盘左、盘右分中法):如图 3-1 所示,在 A 点安置全站仪(或经纬仪);盘左,瞄准 B 点,置水平度盘读数为 $0°00'00''$;转动照准部,使水平度盘读数恰好为 β 角值,在视线方向定出 C_1 点;然后盘右位置,重复上述步骤定出 C_2 点;取 C_1 和 C_2 中点 C,则 $\angle BAC$ 即为测设角 β。

检核:再用测回法观测角 $\angle BAC$,从而检查放样的角度 β 是否满足设计要求。

2. 归化法放样水平角(精密方法)

归化法放样水平角,如图 3-2 所示。

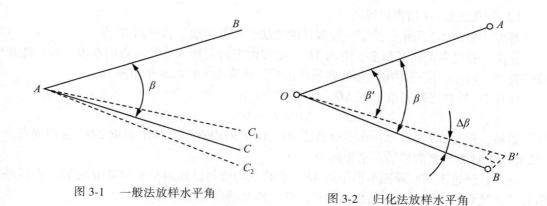

图 3-1　一般法放样水平角　　　　　图 3-2　归化法放样水平角

第一步，安置全站仪于 O 点，按照上述一般方法测设出已知水平角 $\angle AOB'$，定出 B' 点。

第二步，用测回法精确地观测水平角 $\angle AOB'$，一般采用多个测回法，观测 2～4 个测回取平均值，设平均角值为 β'，并测量出 OB' 的水平距离 $S_{OB'}$。

第三步，按下式计算 B' 点处 OB' 线段的垂距 $B'B$，有

$$B'B = \frac{\Delta \beta''}{\rho''} S_{OB'} = \frac{\beta - \beta'}{206265} S_{OB'}$$

第四步，从 B' 点沿 OB' 线段的垂直方向调整垂距 $B'B$，则角 $\angle AOB'$ 即为要测设的水平角 β。

第五步，检核水平角 β 值。用测回法重新测量水平角 $\angle AOB$ 与设计的水平角 β 比较，检查其差值是否满足放样水平角的精度，否则再一次进行归化，直至满足要求为止。

（二）已知水平距离放样的方法与步骤

水平距离放样是从地面上已知点开始，沿已知的方向线测设给定的水平距离的工作。

（1）一般放样方法。如图 3-3 所示，将全站仪安置于 A 点，棱镜沿已知方向线移动，通过全站仪观测棱镜的水平距离，当观测的距离为 D 时，棱镜所在的位置即为要放样点，其距离 AB 即为要放样的水平距离 D。此时，要检查棱镜是否在 AB 的方向线上，若满足要求，即距离 AB 即为要放样的水平距离 D。

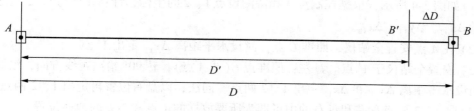

图 3-3　水平距离施工放样

（2）归化法放样（精密放样法）。

首先，如图 3-3 所示，按照一般放样的方法，在方向线上放样出 B' 点。

其次，通过多测回观测水平距离 AB'，必要时通过观测 A、B' 两点的高差、倾斜距离及竖直角，对 AB' 进行距离测量的各项改正后，计算出 AB' 的水平距离 D'。

计算 D' 与 D 之间的改正数 ΔD，即

$$\Delta D = D - D'$$

最后，根据 ΔD 的符号，在实地沿已知的 AB 方向用钢尺由点 B' 量取 ΔD，定出 B 点，则距离 AB 即为所要放样的水平距离 D。

检核：通过多测回观测水平距离 AB，求其平均值与已知的水平距离 D 比较，看其差值是否满足要求，否则再进行距离归化放样，满足精度要求即可。

（三）已知坐标点的放样方法与步骤

1. 直角坐标法测设点位

适用条件：现场有控制基线，且待测设的轴线与基线平行，如建筑场地已建立建筑基线或建筑方格网。如图 3-4 所示，以放样 1 点和 2 点为例。

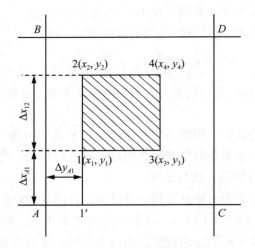

图 3-4　直角坐标法测设点位

测设方法（以 1、2 点为例）：

（1）如图 3-4 所示，根据控制点 A 和待测设点 1、2 的坐标，计算 A 点与 1、2 点之间坐标增量 Δx_{A1}、Δy_{A1}、Δx_{12}。

（2）在 A 点安置全站仪，照准 C 点，测设水平距离 Δy_{A1} 定出 $1'$ 点。

（3）安置全站仪于 $1'$ 点。盘左：照准点 C（或 A 点），转 $90°$ 给出视线方向，沿此方向分别测设水平距离 Δx_{A1} 和 Δx_{12} 定出 1、2 两点。同法，以盘右位置再定出 1、2 两点。

（4）取 1、2 两点盘左和盘右的中点即为所要放样的 1 点和 2 点的地面位置。

检核：在已测设点上架设全站仪，检测各个角度，并测出各边边长。当所有的角度和边长满足设计要求即可。

2. 极坐标法测设点位

极坐标法测设点位是施工放样的基本方法，极坐标法是通过放样点与控制点之间的水平角度和水平距离进行测设点位的，直角坐标法是极坐标法的特例。

测设方法与步骤：

（1）如图 3-5 所示，根据已知点 A、B 的坐标和待测设点 1、2 的设计坐标，反算出测设数据 D_1、β_1 和 D_2、β_2。

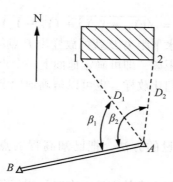

图 3-5　极坐标法测设点位

（2）将全站仪安置在 A 点，后视 B 点，设置度盘读数为 $0°00'00''$，按盘左盘右分中法测设水平角度 β_1 和 β_2，定出 A 点到 1、2 两点的方向，沿此方向测设水平距离 D_1 和 D_2，则可在地面测设出 1、2 两点的位置。

检核：在实地用全站仪测量 1、2 两点水平距离，并与其坐标反算出的水平距离进行比较，其放样的精度满足设计要求即可。

放样数据计算：上述为已知放样数据后在实地进行放样的操作过程。在实际工程中，设计图纸上往往只给出已知点（控制点）的坐标和待放样点的设计坐标，根据其坐标计算其放样数据，计算步骤如图 3-6 所示：已知控制点 A、B 的坐标为 $(X_A，Y_A)$ 和 $(X_B，Y_B)$。待放样的点为 P，其坐标为 $(X_P，Y_P)$。计算已知边 AB 和要放样的边 AP 的方位角 α_{AB} 和 α_{AP}，由坐标反算公式，则

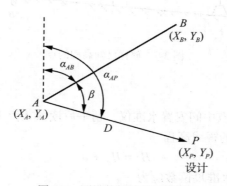

图 3-6　测设数据计算示意图

$$\alpha_{AB} = \arctan \frac{Y_B - Y_A}{X_B - X_A}$$

$$\alpha_{AP} = \arctan \frac{Y_P - Y_A}{X_P - X_A}$$

由计算的两条边的方位角，可以计算水平夹角 β，则

$$\beta = \alpha_{AP} - \alpha_{AB}$$

其 A 点到 P 点的距离为

$$D = \sqrt{(X_P - X_A)^2 + (Y_P - Y_A)^2}$$

根据计算的水平角度 β 和水平距离 D 就可放样出 P 点的位置。

通过放样水平角度和水平距离，即可确定地面上一个点的平面位置。同样，通过水平角度的归化放样和水平距离的归化放样，也可以精确地确定地面上一个点的平面位置，这就是点的精密定位技术。

3. 已知高程点的放样

根据已知点高程，通过测量的方法，把已知高程的点(设计高程的点)标定在固定位置。

高程放样工作主要采用几何水准的方法，有时采用三角高程测量法代替，在向高层建筑物和井下坑道放样高程时还要借助钢尺来完成高程传递和放样。

应用几何水准的方法放样高程时，在作业区域附近应有已知高程点(BM 点)，若没有应从已知高程点处引测一个高程点到作业区域，并埋设固定标志。该点应有利于保存和放样，且应满足只架设一次仪器就能放出所需的高程要求。

如图 3-7 所示，已知高程点 A，其高程为 H_A，需要在 B 点放样出设计高程为 H_B 的位置。

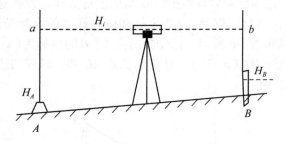

图 3-7　放样已知高程的点

放样方法及步骤：

第一步，在 A 点和 B 点中间安置水准仪，精平后读取 A 点上水准尺读数为 a。

第二步，计算水准仪的视线高程

$$H_i = H_A + a$$

则水准仪不动时，B 点上水准尺读数应为

$$b = H_i - H_B$$

第三步，转动水准仪，在 B 点水准尺上读数。此时，将 B 点水准尺紧靠 B 点木桩，并将水准尺上下移动，直到 B 点水准尺上读数为 b 时，沿尺底画一横线，此线即为设计高程的位置。

检核：已知高程点的放样完毕，通过观测 A 点和 B 点上横线的高差，与已知高差比较，其差值是否满足放样精度要求，否则也可以进行高差归化放样。

五、注意事项

(1) 实验前，应认真阅读全站仪的操作手册，牢记安全操作注意事项。

(2) 作业前，应认真仔细全面检查仪器，确信仪器各项指标、功能、电源、初始设置和各项参数均符合要求时再进行作业。

(3) 不能把望远镜对向太阳或其他强光，在测程较大、阳光较强时要分别给全站仪和棱镜打伞。

(4) 对中杆棱镜必须立直，不能前后倾斜。

(5) 严禁将仪器直接置于地面上，避免沙尘损坏中心螺旋或螺孔。

六、上交资料

实验结束后，将测量实验报告(含原始观测记录表及计算成果)以小组为单位装订成册后上交。实验报告格式见附录二中附录表 17。

实验二十　线路纵、横断面图测绘

一、实验目的和要求

(1) 掌握线路纵、横断面水准测量的方法。

(2) 掌握线路纵、横断面图的绘制。

二、实验组织

(1) 性质：综合性实验。

(2) 时数：3 学时。

(3) 组织：4 人一组。

三、仪器和工具

(1) 每组借 DS3 水准仪 1 台、水准尺 2 根、尺垫 2 个、皮尺 1 把、木桩数个、方向架 1 个、榔头 1 把、记录板 1 块。

(2) 自备：铅笔、草稿纸、计算器。

四、方法与步骤

(1) 如图 3-8 所示，选择一条约 300m 长的路线，用皮尺量距，每 50m 打一里程桩，并在坡度与方向变化处打加桩，起点桩号为 0+000。

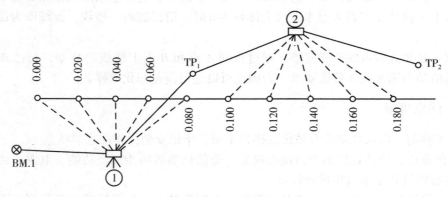

图 3-8   中平测量

(2)根据已知水准点将高程引测至起点桩 0+000 上。

(3)将水准仪安置于适当位置，后视起点桩 0+000，前视转点 TP_1（读至毫米），然后依次中间视桩号（读至厘米）。

(4)在完成起点桩与转点间各点测定后，将仪器搬至 TP_1 至 TP_2 之间，后视 TP_1，前视 TP_2，中间视各桩号。同法继续进行观测，直至线路终点。

(5)为检核成果，由线路终点返测至已知水准点，此时不需要观测各中间点。

(6)每人选一里程桩进行横断面水准测量。在里程桩上，用方向架确定线路的垂直方向，在线路左、右两侧各测 20m，里程桩至左、右侧各坡度变化点距离用皮尺量出，读至分米；高差用水准仪测定，读至厘米。

(7)纵、横断面图的绘制。纵断面图比例尺水平距离为 1∶1000，高程为 1∶100；横断面图比例尺水平距离为 1∶100，高程为 1∶100。纵、横断面图绘制在方格坐标纸上。横断面图可在现场边测边绘，及时与实地对照检查。

五、注意事项

(1)中间视因无检核，所以读数与计算时要认真仔细，防止出错。

(2)横断面测量与绘图，应注意分清左、右方向，最好在现场边测边绘。

(3)线路往、返测闭合差的限差为 $\pm 12\sqrt{n}$（mm），n 为测站数。超限应重测。

六、上交资料

实验结束后，应上交附录二中附录表 18-1"纵断面水准测量记录"和附录表 18-2"横断面水准测量记录"，以及"线路纵断面图""线路横断面图"。

实验二十一   圆曲线测设

一、实验目的和要求

(1)掌握圆曲线主点测设元素的计算和测设方法。

(2)掌握用偏角法进行圆曲线的详细测设。

二、实验组织

(1)性质:综合性实验。
(2)时数:3 学时。
(3)组织:6 人一组。

三、仪器和工具

(1)每组借 DJ6 级经纬仪 1 台、钢尺 1 把、标杆 2 支、测钎 10 支、木桩 3 只、榔头 1 把、记录板 1 块。
(2)自备:铅笔、草稿纸、计算器。

四、方法与步骤

已知测设一圆曲线,圆曲线的交点里程为 5+256.73m,偏角 $\alpha \approx 50°$, $R = 70m$, $l_0 = 10m$,计算圆曲线测设元素 T、L、E、J,检核无误后进行测设。

(一)圆曲线主点测设

(1)道路圆曲线主点测设之前,需要有标定路线方向的交点(JD)和转点(ZD)。在开阔平坦地面打一木桩作为路线交点 JD_1,然后向两个方向(路线的转折角 β 约等于 120°)延伸 30m 以上,定出两个转点 ZD_1 和 ZD_2,插上测钎,如图 3-9 所示。

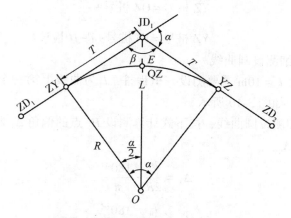

图 3-9　道路圆曲线的主点及主元素

(2)在 JD_1 点安置经纬仪,以一个测回测定转折角 β,计算路线偏角 $\alpha = 180° - \beta$,设计圆曲线的半径 $R = 70m$,按下列公式计算圆曲线元素(切线长 T、曲线长 L、外矢距 E、切曲差 J),即

切线长:

$$T = R\tan\frac{\alpha}{2}$$

曲线长：
$$L = R\frac{\pi\alpha}{180°} = R\frac{\alpha}{\rho}$$

外矢距：
$$E = R\left(\sec\frac{\alpha}{2} - 1\right) = R\left(\frac{1}{\cos\dfrac{\alpha}{2}} - 1\right)$$

切曲差：$J = 2T - L$

计算的曲线元素，记录于附录表 19-1。

(3)用安置于 JD_1 点的经纬仪先后瞄准 ZD_1、ZD_2 定出方向，用钢尺在该方向上测设切线长 T，定出圆曲线的起点(直圆点)ZY 和圆曲线的终点(圆直点)YZ，打下木桩，重新测设一次，在木桩顶上标出 ZY 和 YZ 的精确位置。

(4)用经纬仪瞄准 YZ，水平度盘读数置于 $0°0'00''$，照准部旋转 $\dfrac{\beta}{2}$，定出转折角的分角线方向，用钢尺测设外矢距 E，定出圆曲线中点 QZ。

(二)主点桩号计算

位于道路中线上的曲线主点桩号由交点的桩号推算而得。设交点 JD 的桩号为 $5 + 256.73\text{m}$，根据圆曲线元素，计算曲线主点的桩号：

$$ZY \text{ 桩号} = JD \text{ 桩号} - T$$

$$QZ \text{ 桩号} = ZY \text{ 桩号} + \frac{L}{2}$$

$$YZ \text{ 桩号} = QZ \text{ 桩号} + \frac{L}{2}$$

$$YZ \text{ 桩号} = JD \text{ 桩号} + T - J(\text{检核})$$

(三)用偏角法详细测设圆曲线

(1)设圆曲线上每 $l_0 = 10\text{m}$ 需要测设一里程桩，l_1 为曲线上第一个整 10m 桩 P_1 与圆曲线起点 ZY 间的弧长，如图 3-10 所示。

(2)用偏角法详细测设圆曲线，按下式计算测设 P_1 点的偏角 Δ_1 和以后每增加 10m 弧长的各点的偏角增量 Δ_0：

$$\Delta_1 = \frac{l_1}{2R} \cdot \frac{180°}{\pi}$$

$$\Delta_0 = \frac{l_0}{2R} \cdot \frac{180°}{\pi}$$

P_2，P_3，$\cdots$，P_i 等细部点的偏角按下式计算：

$$\Delta_2 = \Delta_1 + \Delta_0$$

$$\Delta_3 = \Delta_1 + 2\Delta_0$$

$$\cdots\cdots\cdots\cdots$$

$$\Delta_i = \Delta_1 + (i - 1)\Delta_0$$

曲线起点至曲线上任一细部点 P_i 的弦长 C_i 按下式计算：

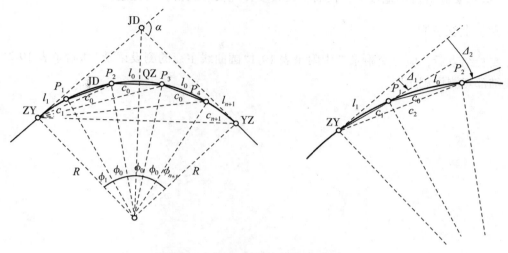

图 3-10　偏角法测设圆曲线细部点

$$C_i = 2R\sin\Delta_i$$

曲线上相邻整桩间的弦长 C_0 按下式计算:

$$C_0 = 2R\sin\Delta_0$$

曲线上任两点间的弧长 l 与弦长 C 之差(弦弧差)按下式计算:

$$l - C = \delta = \frac{l^3}{24R^2}$$

根据以上这些公式和算得的曲线主点桩号,计算圆曲线偏角法测设数据,记录于附录表 19-2 中。

(3)测设方法:

① 安置经纬仪(或全站仪)于曲线起点(ZY)上,瞄准交点(JD),使水平度盘读数设置为 $0°00'00''$。

② 水平转动照准部,使度盘读数为 Δ_1,沿此方向测设弦长 C_1,定出 P_1 点。

③ 再水平转动照准部,使度盘读数为 Δ_2,沿此方向测设长弦 C_2,定出 P_2 点;或从 P_1 点测设短弦 C_0,与偏角 Δ_2 的方向线相交而定出 P_2 点。依此类推,测设 P_3、P_4 点。

④ 测设至曲线终点(YZ)作为检核。水平转动照准部,使度盘读数为 Δ_{YZ},在方向上测设长弦 C_{YZ},或从 P_4 测设短弦 C_{n+1},定出一点。此点如果与 YZ 不重合,其闭合差一般应按如下要求:半径方向(路线横向):不超过 ±0.1m;切线方向(路线纵向):不超过 $\pm L/1000$(L 为曲线长)。

五、注意事项

(1)圆曲线主点测设元素和偏角法测设数据的计算应经过两人独立计算,校核无误后方可进行测设。

（2）本实验所占场地较大，仪器工具较多，应及时收拾，防止遗失。

六、上交资料

实验结束后，应上交附录二中附录表 19-1"圆曲线主点的测设记录"和附录表 19-2"圆曲线细部点测设记录"。

第 4 章　数字测图内业

　　数字测图的内业一般需要借助专业的数字测图软件完成，数字测图软件是数字测图系统中重要的组成部分。目前，国内市场上技术比较成熟的数字测图软件主要有南方测绘仪器公司的"数字化地形地籍成图系统 CASS"系列、北京威远图的 SV 300 系列、广州开思的 SCS 系列等。其中，南方测绘仪器公司的"数字化地形地籍成图系统 CASS"系列软件是众多数字测图软件中功能完备、操作方便、市场占有率较高的主流成图软件之一。本章主要以 CASS 7.0 为例，介绍数字测图内业的工作内容和方法。

4.1　CASS 数字测图系统操作界面

　　CASS 软件是我国南方测绘仪器公司基于 AutoCAD 平台开发的数字测图系统，它具有完备的数据采集、数据处理、图形生成、图形编辑、图形输出等功能，能方便灵活地完成数字测图工作，广泛应用于地形地籍成图、GIS 空间数据建库及工程测量等领域。

4.1.1　CASS 操作主界面

　　运行 CASS 7.0 之前必须先将"软件狗"插入 USB 接口。启动 CASS 7.0 后，会弹出如图 4-1 所示的 CASS 7.0 操作主界面。CASS 7.0 操作界面主要由菜单栏、CAD 标准工具

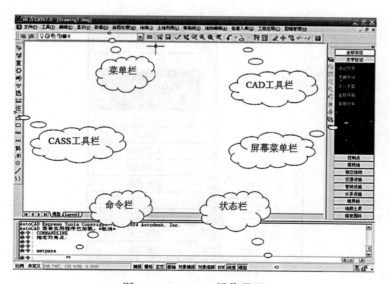

图 4-1　CASS 7.0 操作界面

栏、CASS 实用工具栏、CASS 屏幕菜单、CASS 属性面板绘图窗口、命令行、状态栏等组成。标有"▶"符号的菜单表示还有下一级菜单，每个菜单项均以对话框或命令行提示的方式与用户交互应答。

绘图窗口是图形编辑与图形显示的窗口，用户在该区域内进行图形编辑操作。图形窗口有自己的标准视窗特征，如滚动条、最大化、最小化及控制按钮等，用户可以在图形界面的框架内移动或改变它的大小。CASS 命令行缺省界面中一般显示 3 行命令行，其中最下面一行等待键入命令，上面两行一般显示命令提示符或与命令进程有关的其他信息。操作时要随时注意命令行提示。有些命令有多种执行途径，用户可根据自己的喜好灵活选用快捷工具按钮、下拉菜单或在命令行输入命令。

4.1.2　菜单栏与工具栏

1. 菜单栏

操作界面标题栏下面即为菜单栏。CASS 7.0 包括 13 个菜单项，分别是：文件、工具、编辑、显示、数据、绘图处理、地籍、土地利用、等高线、地物编辑、检查入库、工程应用、其他应用。利用这些菜单，即可满足数字地形图的绘制、编辑、应用、管理等操作的需要。

2. CASS 屏幕菜单

屏幕菜单一般设置在操作界面右侧，是用于绘制各类地物的交互绘图菜单，如图 4-1 右侧所示。CASS 7.0 屏幕菜单定点方式包括：坐标定位、点号定位、电子平板和地物匹配。单击"坐标定位"，显示如图 4-2（a）所示。进入屏幕菜单的交互编辑功能时，必须先选定某一定点方式。例如，选中"坐标定位"时，屏幕菜单变为如图 4-2（b）所示。

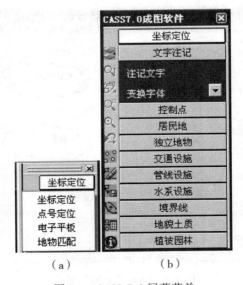

图 4-2　CASS 7.0 屏幕菜单

3. CAD 标准工具栏

如图 4-3 所示，CAD 标准工具栏包含了许多常用功能，如图层设置、线型管理器、打开已有图形、图形存盘、重画屏幕、图形平移、缩放、对象特征编辑器、移动、复制、修剪、延伸等。这些功能在下拉菜单中也有。

图 4-3　CAD 标准工具栏

4. CASS 实用工具栏

CASS 实用工具栏如图 4-4 所示，一般放在屏幕左侧。它具有 CASS 的一些常用功能，例如：查看实体编码、加入实体编码、重新生成、批量选取目标、线型换向、查询坐标、距离与方位角、文字注记、常见地物绘制、交互展点等。当光标在工具栏的某个图标停留时就显示该图标的功能提示。使用该工具栏，再配合命令行提示操作，可简化对菜单栏和屏幕菜单的操作。

图 4-4　CASS 实用工具栏

4.2　绘图参数设置

在内业绘图前，一般应根据要求对 CASS 7.0 的有关参数进行设置。

4.2.1　CASS 参数设置

CASS 7.0 参数配置对话框可设置 CASS 7.0 的各种参数，用户通过设置该菜单选项，可自定义多种常用设置。

操作：用鼠标左键点击"文件"菜单的"CASS 7.0 参数配置"项，系统会弹出一个对话框，如图 4-5 所示。该对话框内有四个选项卡："地物绘制""电子平板""高级设置""图框设置"。

1. 地物绘制选项卡

（1）高程注记位数：设置展绘高程点时高程注记小数点后的位数。
（2）电杆间是否连线：设置是否绘制电力电信线电杆之间的连线。
（3）围墙是否封口：设置是否将依比例围墙的端点封闭。

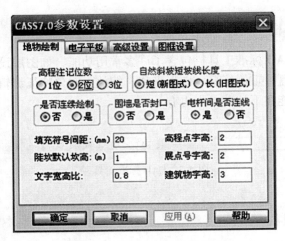

图 4-5 CASS 7.0 参数设置对话框

（4）自然斜坡短坡线长度：设置自然斜坡的短线是按新的《地形图图式》的固定 1 毫米长度还是按旧的《地形图图式》的长线一半长度。

（5）填充符号间距：设置植被或土质填充时的符号间距，缺省为 20mm。

（6）陡坎默认坎高：设置绘制陡坎后提示输入坎高时默认的坎高。

2. 电子平板选项卡

点击"电子平板"选项卡之后界面如图 4-6 所示。

图 4-6 "电子平板"选项卡

3. 高级设置选项卡

点击"高级设置"选项卡后界面如图 4-7 所示。

（1）生成和读入交换文件：可按骨架线或图形元素生成和读入交换文件。

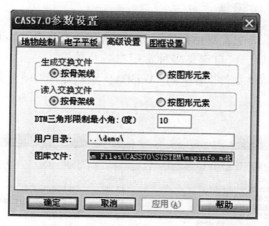

图 4-7 "高级设置"选项卡

（2）DTM 三角形限制最小角：设置建三角网时三角形内角可允许的最小角度。系统默认为 10 度，若在建三角网过程中发现有较远的点无法联上时，可将此角度改小。

（3）用户目录：设置用户打开或保存数据文件的默认目录。

（4）地名库和图幅库文件：设置两个库文件的目录位置，注意不能改变库名。

4. 图框设置选项卡

点击"图框设置"选项卡后界面如图 4-8 所示。

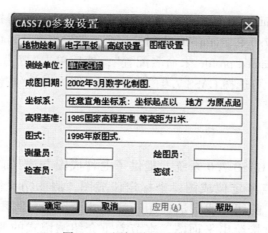

图 4-8 "图框设置"选项卡

依实际情况填写以上表格，则完成图框图角章的自定义。其中测量员、绘图员、检查员等可以在添加图框时再填。

4.2.2　AutoCAD 系统设置

在 AutoCAD 2006 系统配置对话框中可设置 CASS 7.0 平台 AutoCAD 2006 的各种参数，用户通过设置该菜单选项，可自定义多种常用参数及外设。

操作：鼠标左键点击"文件"菜单的"AutoCAD 系统配置"项，系统会弹出对话框，如图 4-9 所示。

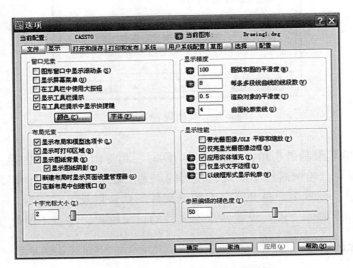

图 4-9　"AutoCAD 系统配置"对话框

具体操作可参阅 AutoCAD 使用教程及 CASS 7.0 说明书。值得指出的是：在"配置"选项中，可以控制 CASS 7.0 和 AutoCAD 之间的切换。如果想在 AutoCAD 2000 环境下工作，可在此界面下选择"unnamed profile 未命名配置"，然后单击"置为当前"按钮；如果想在 CASS 7.0 环境下工作，可选择 CASS 7.0，然后单击"置为当前"按钮。

4.3　平面图绘制

对于图形的生成，CASS 7.0 系统共提供了七种成图方法：简编码自动成图、编码引导自动成图、测点点号定位成图、坐标定位成图、测图精灵测图、电子平板测图、数字化仪成图。其中，前四种成图法适用于测记式测图法，测图精灵测图法和电子平板测图法用于在野外直接绘出平面图。本节着重介绍测记式的四种绘制平面图的基本作业方法。

4.3.1　简编码自动成图法

简编码自动成图法是在野外采集数据时输入简编码，数据输入计算机后，经简单操作自动成图。该方法野外作业较为繁琐，但内业简单。

　　简码识别的过程是将简编码坐标文件转换成计算机能识别的程序内部码(又称绘图码)。

　　操作时，执行"绘图处理"→"简码识别"命令，按系统提示输入带简编码的坐标数据文件名(如"D:\CASS 7.0\DEMO\YMSJ. DAT")。当提示区显示"简码识别完毕!"，同时在屏幕绘出平面图，如图4-10所示。

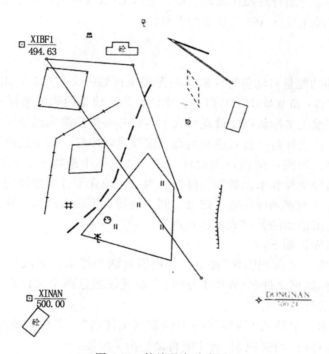

图4-10　简编码自动成图

　　利用简编码自动成图法绘制的平面图，通常还要利用野外绘制的简易草图或记录，进行图形的修改和编辑。

4.3.2　编码引导自动成图法

　　该法成图时，需编辑生成一个"编码引导文件"。编码引导文件是一个包含了地物编码、地物的连接点号和连接顺序的文本文件，它是根据草图在室内由人工编辑完成的。将编码引导文件和坐标数据文件合并，系统自动生成一个包含地物全部信息的简编码坐标数据文件，利用简编码坐标数据文件即可自动成图。

　　1. 编辑编码引导文件

　　在绘图之前应编辑一个编码引导文件，该文件的主文件名一般取与坐标数据文件相同的文件名，后缀一般用"YD"，以区别其他文件项。编写引导文件时，有如下要求：
　　(1)每一行只能表示一个地物，如一幢房屋、一条道路、一个控制点。

（2）每一行的第一个数据为地物代码，以后按照地物各点的连接顺序依次输入各顺序点点号，格式如下：

代码，点号 1，点号 2，…，点号 n。

（3）同一行的各个数据之间必须用逗号","隔开。

（4）表示地物代码的字母要大写。地物代码的编写需参考 CASS 的野外操作码。用户也可根据自己的需要定制野外操作简码，通过更改 C:\CASS 7.0\SYSTEM\JCODE.DEF 文件即可实现，具体操作见《CASS 7.0 参考手册》。

2. 编码引导

"编码引导"的功能是自动将野外采集的无码坐标数据文件（如 WMSJ.DAT）和前面编辑好的编码引导文件（如 WMSJ.YD）合并，系统自动生成带简码的坐标数据文件。由编码引导文件得到的简编码坐标数据文件在形式上与野外采集的简编码坐标数据文件相同，但其实质有所不同，该文件每一行最前面的数字仅仅是顺序号，而不是点号。前者的各个点已经经过重新排序，把同一地物点均放在一块，变成一个地物一个地物地存放，很有规律，其实质是把引导文件和坐标数据文件合二为一，包含了各个地物的全部信息。后者的各个坐标是按采集时的观测顺序进行记录，同一地物点不一定放在一块，多个地物点可能相互混杂，其每行最前面的数字表示该点点号。

编码引导具体操作如下：

执行"绘图处理"→"编码引导"命令，再根据对话框提示，依次输入编码引导文件名（WMSJ.YD）和坐标数据文件名（WMSJ.DAT），系统按照这两个文件自动生成图形，同时命令行提示"引导完毕"。

CASS 早期版本要求输入"简编码的坐标数据文件名"，并生成简编码的坐标数据文件，然后将该文件进行"简码识别"后才能自动绘出平面图。

4.3.3　测点点号定位成图法

"测点点号定位成图"与"坐标定位成图"，也称为"无码法"工作方式。外业工作时，没有输入描述各定位点之间相互关系的编码，而是以"草图"的形式记录点位之间的关系以及所测地形、地物的属性信息。由于没有输入编码，所以坐标文件中仅有碎部点点号及测量坐标值，对于这样的数据文件，系统不能自动处理编辑成地形图，只能对照"草图"在计算机上通过人机交互方法，一步步地编辑成图。

测点点号定位成图法编辑成图的基本过程如下：

1. 定显示区

当测量范围较大时，计算机屏幕显示全图会导致时局部不够清晰。为了编辑成图时方便，可设定显示区，使计算机显示所设定的区域。对于大比例尺地形图编辑，图形分块编辑，图幅面积不大，此项步骤可以省略。作业时运用移动、局部放大等功能，也十分方便。

执行"绘图处理"→"定显示区"命令，系统提示"输入坐标数据文件名"（如 C:\

CASS70\DEMO\STUDY. DAT）。输入后单击"打开"。这时，命令区显示：

最小坐标（米）：X = 31036. 221，Y = 53077. 691

最大坐标（米）：X = 31257. 455，Y = 53306. 090

2. 设定定点方式

人机交互成图方式有两种绘图定点方式——点号定位和坐标定位方法，选择这两种方法，只需点击屏幕右侧菜单区的"点号定位\坐标定位"选项即可。两者的差别在于，选择"坐标定位"模式时只能通过屏幕鼠标定点，而选择"点号定位"时，既可在图形编辑时以键盘输入点号定点，也可以切换到鼠标定点方式，所以一般选择"点号定位"模式。选择"点号定位"模式时，系统会弹出"打开文件"对话框，提示输入观测数据文件。这时选中观测点坐标数据文件，再确认即可。

移动鼠标至屏幕右侧菜单区"坐标定位\点号定位"项，单击鼠标左键，系统提示"选择点号对应的坐标点数据文件名"（如 C:\Program Files\CASS70\DEMO\STUDY.DAT）。输入后再单击"打开"。这时，命令区显示：

读点完成！共读入 106 个点。

3. 展点

执行"绘图处理"→"展野外测点点号"命令，系统提示"输入坐标数据文件"（如 C:\CASS70\DEMO\STUDY. DAT）。输入后单击"打开"，则数据文件中所有的点以注记点号的形式展现在屏幕上，如图 4-11 所示。若没有输入测图比例尺，命令行窗口将要求输入测图比例，输入比例尺分母后按回车键即可。

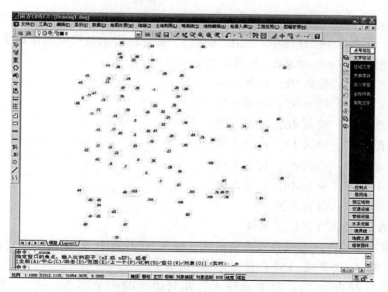

图 4-11　STUDY. DAT 展点图

4. 绘平面图

可以灵活使用工具栏中的缩放工具进行局部放大以方便编图(工具栏的使用方法详见《CASS 7.0 参考手册》第一章)。

由图 4-2(b)可知,CASS 7.0 屏幕菜单将所有地物要素分为 11 类,如文字注记、控制点、水系设施、居民地、独立地物等,此时即可按照其分类分别绘制各种地物。

1)绘制交通设施

在屏幕菜单处选择"交通设施"→"公路"时,屏幕中弹出对话框,如图 4-12 所示。

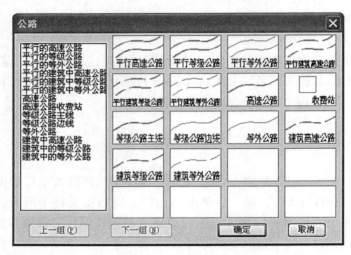

图 4-12　"公路"对话框

找到"平行等外公路"并选中,点击"确定",命令区提示及相应操作如下:

"绘图比例尺 1":输入 500,按回车键。

"点 P/<点号>":输入 92,按回车键。

"点 P/<点号>":输入 45,按回车键。

"点 P/<点号>":输入 46,按回车键。

"点 P/<点号>":输入 13,按回车键。

"点 P/<点号>":输入 47,按回车键。

"点 P/<点号>":输入 48,按回车键。

"点 P/<点号>":按回车键。

拟合线<N>? 输入 Y,按回车键。

说明:输入 Y,将该边拟合成光滑曲线;输入 N(缺省为 N),则不拟合该线。

"1. 边点式/2. 边宽式<1>":按回车键(默认 1)

说明:选 1(缺省为 1),将要求输入公路对边上的一个测点;选 2,要求输入公路宽度。

"对面一点

点 P/<点号>"：输入 19，按回车键。

这时平行等外公路就绘好了，如图 4-13 所示。

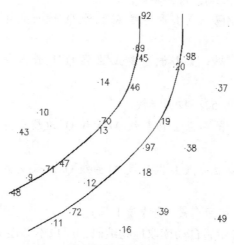

图 4-13　绘制一条平行等外公路

2)绘制多边形一般房屋

绘制一个多点房屋，选择屏幕菜单"居民地"→"一般房屋"，弹出如图 4-14 所示界面。

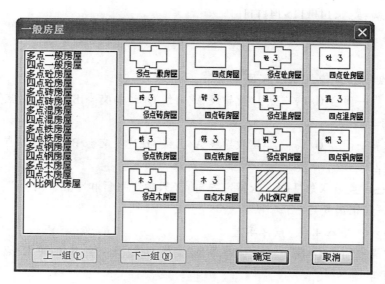

图 4-14　"一般房屋"对话框

选择"多点砼房屋"，再点击"确定"按钮或双击图标，命令行提示及操作依次如下：
第一点：

"点 P/<点号>"：输入 49，按回车键。

指定点：

"点 P/<点号>"：输入 50，按回车键。

"闭合 C/隔一闭合 G/隔一点 J/微导线 A/曲线 Q/边长交会 B/回退 U/点 P/<点号>"：输入 51，按回车键。

"闭合 C/隔一闭合 G/隔一点 J/微导线 A/曲线 Q/边长交会 B/回退 U/点 P/<点号>"：输入 J，按回车键。

"点 P/<点号>"：输入 52，按回车键。

"闭合 C/隔一闭合 G/隔一点 J/微导线 A/曲线 Q/边长交会 B/回退 U/点 P/<点号>"：输入 53，按回车键。

"闭合 C/隔一闭合 G/隔一点 J/微导线 A/曲线 Q/边长交会 B/回退 U/点 P/<点号>"：输入 C，按回车键。

"输入层数：<1>"：按回车键(默认输 1 层)。

说明：选择多点砼房屋后自动读取地物编码，用户不必逐个记忆。从第三点起弹出许多选项(具体操作见《CASS 7.0 参考手册》第一章关于屏幕菜单的介绍)，这里以"隔一点"功能为例，输入 J，输入一点后系统自动算出一点，使该点与前一点及输入点的连线构成直角。输入 C 时，表示闭合。

再作一个多点砼房，熟悉操作过程。命令区提示：

Command：dd

输入地物编码：<141111>141111

"第一点：点 P/<点号>"：输入 60，按回车键。

指定点：

"点 P/<点号>"：输入 61，按回车键。

"闭合 C/隔一闭合 G/隔一点 J/微导线 A/曲线 Q/边长交会 B/回退 U/点 P/<点号>"：输入 62，按回车键。

"闭合 C/隔一闭合 G/隔一点 J/微导线 A/曲线 Q/边长交会 B/回退 U/点 P/<点号>"：输入 a，按回车键。

"微导线—键盘输入角度(K)/<指定方向点(只确定平行和垂直方向)>"：用鼠标左键在 62 点上侧一定距离处点一下。

"距离<m>"：输入 4.5，按回车键。

"闭合 C/隔一闭合 G/隔一点 J/微导线 A/曲线 Q/边长交会 B/回退 U/点 P/<点号>"：输入 63，按回车键。

"闭合 C/隔一闭合 G/隔一点 J/微导线 A/曲线 Q/边长交会 B/回退 U/点 P/<点号>"：输入 j，按回车键。

"点 P/<点号>"：输入 64，按回车键。

"闭合 C/隔一闭合 G/隔一点 J/微导线 A/曲线 Q/边长交会 B/回退 U/点 P/<点号>"：

输入 65，按回车键。

"闭合 C/隔一闭合 G/隔一点 J/微导线 A/曲线 Q/边长交会 B/回退 U/点 P/<点号>"：输入 C，按回车键。

"输入层数：<1>"：输入 2，按回车键。

说明："微导线"功能由用户输入当前点至下一点的左角（度）和距离（米），输入后软件将计算出该点并连线。要求输入角度时若输入 K，则可直接输入左向转角，若直接用鼠标点击，只可确定垂直和平行方向。此功能特别适合知道角度和距离但看不到点的位置的情况，如房角点被树或路灯等障碍物遮挡时。

两栋房子和平行等外公路"建"好后，效果如图 4-15 所示。

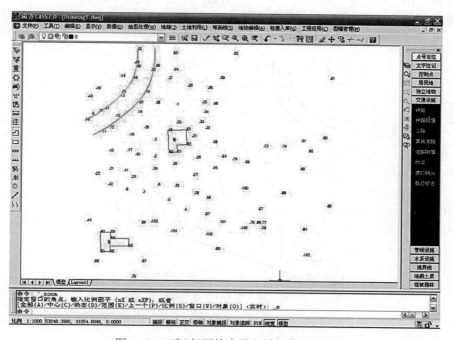

图 4-15 "建"好两栋房子和平行等外公路

3）绘制其他地物

类似以上操作，分别利用右侧屏幕菜单绘制其他地物。

在"居民地"菜单中，用 3、39、16 三点完成利用三点绘制 2 层砖结构的四点房；用 68、67、66 绘制不拟合的依比例围墙；用 76、77、78 绘制四点棚房。

在"交通设施"菜单中，用 86、87、88、89、90、91 绘制拟合的小路；用 103、104、105、106 绘制拟合的不依比例乡村路。

在"地貌土质"菜单中，用 54、55、56、57 绘制拟合的坎高为 1 米的陡坎；用 93、94、95、96 绘制不拟合的坎高为 1 米的加固陡坎。

在"独立地物"菜单中，用 69、70、71、72、97、98 分别绘制路灯；用 73、74 绘制宣传橱窗；用 59 绘制不依比例肥气池。

在"水系设施"菜单中，用 79 绘制水井。

在"管线设施"菜单中，用 75、83、84、85 绘制地面上输电线。

在"植被园林"菜单中，用 99、100、101、102 分别绘制果树独立树；用 58、80、81、82 绘制菜地(第 82 号点之后仍要求输入点号时直接按回车键)，要求边界不拟合，并且保留边界。

在"控制点"菜单中，用 1、2、4 分别生成埋石图根点，在提问点名、等级时分别输入 D121、D123、D135。

最后，选取"编辑"菜单下的"删除"，再点击"删除实体所在图层"，鼠标符号变成了一个小方框，用鼠标左键点取任何一个点号的数字注记，所展点的注记将被删除。

平面图作好后效果如图 4-16 所示。

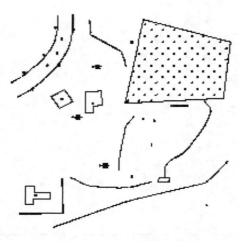

图 4-16　STUDY 的平面图

4.3.4　坐标定位成图法

坐标定位成图法操作类似于测点点号定位成图法。不同之处仅是绘图时点位的获取不是通过输入点号而是利用"捕捉"功能直接在屏幕上捕捉所展的点，故该法较测点点号定位成图法更方便。其具体的操作步骤如下：

(1)展点。

(2)选择"坐标定位"屏幕菜单。

以上两步操作同"测点点号定位成图法"。

(3)绘制平面图。

绘图之前要设置捕捉方式，有几种方法可以设置。如执行"工具"→"物体捕捉模式"→"结点"命令，以"结点"方式捕捉展绘的碎部点；也可以用鼠标右键单击状态栏上面的"对象捕捉"按钮进行设置。取消与开启捕捉功能可以直接按 F3 键进行切换。绘图方法同"测点点号定位成图法"。

需要指出的是，上述绘图方法一般并不单独使用，而是相互配合使用的。

如果野外没有绘制草图，也没有输简码，而是用记录本记录绘图信息，可采用下述作业程序，以提高绘图效率和绘图的正确性：

数据通信→编辑坐标数据文件→按野外测点点号展点→用"坐标定位"法绘平面图→打印→实地校对。

数据采集当天晚上将采集的坐标数据文件传输到计算机，随后在文本编辑状态将坐标数据文件中的点号项后面加上野外记录(教材《数字测图与工程测量学》11.3 章节的表11-6)中 F、L、D、P、K、G、J、SJ 等(分别表示房、路、电杆、坡、陡坎、沟、地类界、水井等)标识。然后用"展野外测点点号"功能将点号和野外记录代码一并展绘到屏幕上。再选择"坐标定位"的绘图方式，凭借测图时的印象，再参考记录，准确地绘出平面图。如果有条件，可用打印机打印出当天测的图，次日到实地核对，并用勘丈法将无法实测的地物记录在打印图纸上，供内业补绘。

CASS 数字测图系统能自动将绘制的地物放置在相应的图层中，如简单房屋放置在"JMD"(意为居民点)图层，小路放置在"DLSS"(意为道路设施)图层，水井放置在"SXSS"(意为水系设施)图层。CASS 7.0 设置了 21 个图层，用户可以根据需要增加图层。

4.4 编辑、注记与数据处理

由于实际地形、地貌的复杂性，在当今技术条件下，错测、漏测甚至重复测是难以避免的，此时需要在保证精度的前提下，消除相互矛盾的地形、地物，对于错测、漏测的部分，应及时进行外业检查、补测或重测，还应对地名、街道名等进行注记。另外，当地形图测好后，随着时间的变化，要及时对地图进行更新，即要根据实地变化情况，对变化了的地形地物进行增加、删除或修改，以保证地图的现势性。

针对这些要求，CASS 系统提供了用于绘图和注记的"工具"，用于编辑修改图形的"编辑"和用于编辑地物的"地物编辑"等菜单，另外在屏幕菜单和工具栏中也提供了部分编辑命令。

下面简单地介绍一些常用编辑功能，详细使用见《CASS 7.0 参考手册》。

4.4.1 地物编辑

"地物编辑"主要提供对地物的编辑功能，下面对该菜单下的一些主要功能进行简单介绍，具体操作见《CASS 7.0 参考手册》中"1.1.10 地物编辑"。

"重新生成"能将图上骨架线重新生成图形。通过这个功能，编辑复杂地物(如围墙、陡坎等)只需编辑其骨架线。

"线型换向"用来改变各种线型地物(如陡坎、围墙)的方向。

"修改墙宽"依照围墙的骨架线来修改围墙的宽度。

"修改坎高"能查看或改变陡坎各点的坎高。

"符号等分内插"在两相同符号间按设置的数目进行等距内插(如行树)。

"批量缩放"可对屏幕上的注记文字和地物符号进行批量放大或缩小，还可使各文字位置相对它被缩放前的定位点移动一个常量。

"测站改正"如果用户在外业时不慎弄错了测站点或定向点，或者在做控制前先测碎部点，可以应用此功能进行测站改正。

"局部存盘"分为"窗口内的图形存盘"和"多边形内图形存盘"，前者能将指定窗口内的图形存盘，主要用于图形分幅；后者能将指定多边形内的图形存盘，水利、公路和铁路测量中的"带状地形图"可用此法截取。

以上这些常用的图形编辑功能都是按命令行提示操作，操作较简单。

"图形接边"：当使用两幅通过旧图数字化得到的图形进行拼接时，存在同一地物错开的现象，可用此功能将地物的不同部分拼接起来形成一个整体。执行本命令后，弹出如图 4-17 所示的对话框。输入接边最大距离和无结点最大角度后，可选用"手工""全自动""半自动"三种方式接边。手工是每次接一对边，全自动是批量接多对边，半自动是每接一对边这前提示是否连接。

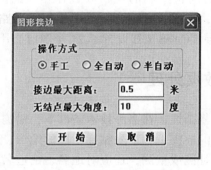

图 4-17　图形接边对话框

"图形属性转换"子菜单共提供了 14 种转换方式，每种方式都有单个和批量两种处理方法。以"图层—图层"为例，单个处理时，命令行提示如下：

"转换前图层"：输入转换前图层

"转换后图层"：输入转换后图层

系统会自动将要转换图层的所有实体变换到要转换到的层中。如果要转换的图层很多，可采用"批量处理"，但是要在记事本中编辑一个索引文件，格式是：

转换前图层 1，转换后图层 1

转换前图层 2，转换后图层 2

转换前图层 3，转换后图层 3

END

"植被填充""土质填充""小比例房屋填充""图案填充"都是在指定区域内填充适当的符号，但指定区域必须是闭合的复合线。按提示操作，系统将自动按照"CASS 7.0 参数配置"的符号间距，为指定区域填充相应的符号。

4.4.2　注记

地图上除了各种图形符号外，还有各种注记要素（包括文字注记和数字注记）。CASS系统提供了多种不同的注记方法，注记时可将汉字、字符、数字混合使用。

1. 使用屏幕菜单中的"文字注记"

无论是使用屏幕菜单中的哪种定位方法，均提供了文字注记功能。执行屏幕菜单"文字注记"。在"文字注记"对话框中一共包括 6 项内容：分类注记、通用注记、变换字体、定义字型、特殊注记和常用文字。"常用文字"选项中已预先将一些常用的注记用字做成字块。当我们用到这些字时，可以直接在该对话框中选取，可方便地将常用字注记到鼠标指定的位置。"变换字体"可以改变当前默认字体，按《地形图图式》的要求进行注记，如水系用斜体字注记。单击"变换字体"，屏幕显示如图 4-18 图框，系统提供了 15 种字体供选用。

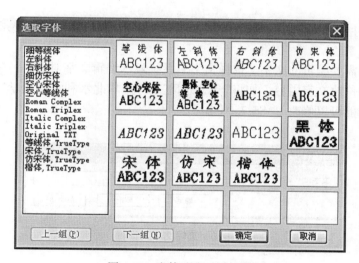

图 4-18　字体选取对话框图

"文字注记"对话框中的"坐标坪高"还可以用来注记屏幕上任意点的测量坐标（如房角点、围墙点等）和注记房屋的地坪标高。如单击"坐标坪高"，屏幕显示如图 4-19 图框在命令行中提示：

指定注记点：（利用各种捕捉方式来指定待注记点）

注记位置：（用鼠标在注记点合适位置指定注记位置）

系统将由注记点向注记位置引线，并在注记位置处注记出注记点的测量坐标。

2. 使用"工具"菜单下的"文字"

在"工具"菜单下的"文字"中有二级菜单，使用该菜单可满足注记文字、编辑文字等要求。其中"写文字"与屏幕菜单的"注记文字"操作基本相同，按提示进行注记；"编辑文

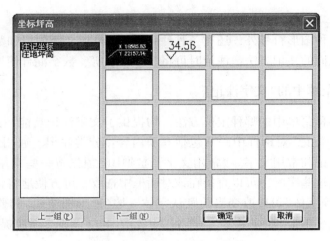

图 4-19　"坐标坪高"注记对话框

字"是用于对已注记的文字进行修改。选择"编辑文字"，系统在命令行提示：

　　选择注释对象[或放弃(U)]：

　　用鼠标选择需要编辑的文字。选择文字后系统显示编辑文字对话框，如图 4-20 所示。在文字编辑框内修改文字内容，如将"华北水院"改为"华北水利水电大学"，单击"确定"即可。利用此功能可以修改 CASS 7.0 图框文字。

图 4-20　编辑文字对话框

　　在"工具"→"文字"菜单中，"炸碎文字"功能是将文字炸碎成一个个独立的线状实体；"文字消隐"功能可以遮盖图形上穿过文字的实体，如穿高程注记的等高线；"批量写文字"的功能是在一个边框中放入文本段落。

4.4.3　实体属性的编辑修改

　　对于任何一个实体(对象)来说，都具有一些属性，如实体的位置、颜色、线型、图层、厚度及是否拟合等。当我们发现实体的属性信息是错误的时，就需要对实体属性进行编辑修改工作。

1. 对象特性管理

　　该项功能可以管理图形实体在 AutoCAD 中的所有属性。执行"编辑"→"对象特性管理"命令，系统弹出对象特性管理器，如图 4-21 所示。以表格方式出现的窗口提供了更多可供编辑的对象特性。选择单个对象时，对象特性管理器将列出该对象的全部特性；选择了多个对象时，对象特性管理器将显示所选择的多个对象的共有特性；未选择对象时，对象特性管理器将显示整个图形的特性。双击对象特性管理器中的特性栏，将依次出现该特性所有可能的取值。修改所选对象特性时可采用如下方式：输入一个新值，从下拉列表中选择一个值，用"拾取"按钮改变点的坐标值。在对象特性管理器中，特性可以按类别排列，也可以按字母顺序排列。对象特性管理器还提供了"快速选择"按钮，可以方便地建立供编辑用的选择集。

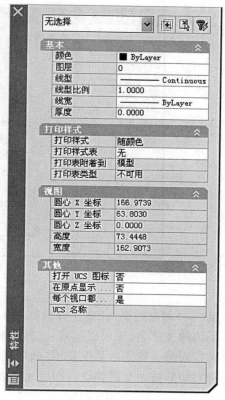

图 4-21　对象特性管理器

2. 图元编辑

该项功能是对直线、复合线、弧、圆、文字、点等实体进行编辑，修改它们的颜色、线型、图层、厚度及拟合等。

执行"编辑"→"图元编辑"命令，命令行提示：

选择对象(Select one object to modify)

用鼠标选取对象(如房屋)后，弹出如图 4-22 所示对话框。需要注意的是，不同的实体相应地有不同的对话框，留意其中的内容，按需要选择合适的项目进行修改。

3. 修改

该选项可以分别完成对实体的颜色和实体属性(如图层、线型、厚度等)的修改，其功能和"图元编辑"功能完全相同，不同的是"图元编辑"是采用对话框操作，而"修改"是根据命令行提示一步一步地键入修改值进行修改。

4.4.4　图块的制作及使用

在 CASS 系统中绘制地图时，常常要把一幅图或一幅图的某一部分以图块的形式保存起来，以便在需要时把它插入到所需地方。另外，为了实现相邻图幅之间的拼接，常常先把一幅图作为主图，把其他图做成"块"，然后利用插入"块"的方法实现。因此，图块的制作及其使用是 CASS 系统中极其重要的一部分。

1. 制作图块

其功能是把一幅图或一幅图的某一部分以图块的形式保存起来，操作时，执行"工

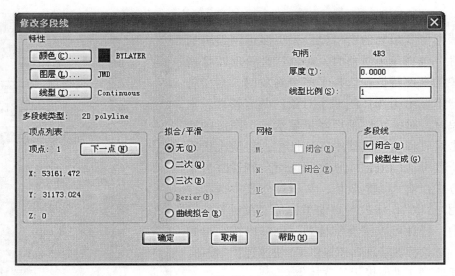

图 4-22　图元编辑对话框

具"→"制作图块"命令，弹出如图 4-23 所示对话框。在对话框的"文件名"栏中输入制作图块的文件名(也可以选取)，拾取对象，指定基点，单击"确定"按钮即可。若事先没有选定对象，确定后系统显示"必须选择对象……"用鼠标选择要加入图块的图形实体，选择完毕后按回车键确认，即可完成该图块的制作。

图 4-23　图块制作对话框

需要注意的是，图块的插入基点也就是在图形中插入图块时图块的定位点。当制作一般的图块时，可根据需要合理地选择图块基点；但是利用图块实现图幅拼接时，一定要用相同坐标的原点(如(0，0))作为图块的插入基点，才能保证图幅的正确拼接。

2. 插入图块

"插入图块"命令可以把先前绘制好的图块或图形文件插入当前图形中。操作时，执行"工具"→"插入图块"命令，弹出图块"插入"对话框，如图 4-24 所示。输入准备插入的图块名，根据需要确定插入基点的坐标和 x、y、z 三方向上的比例系数，选择图块插入后是否炸开图块(分解)，最后单击"确定"按钮即可。

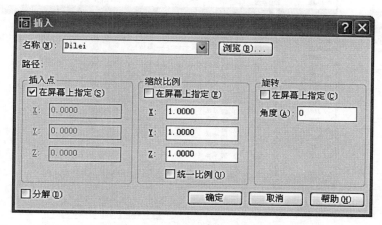

图 4-24   图块"插入"对话框

4.4.5 图层管理

图层是 AutoCAD 中用户组织图形的最有效工具之一。用户可以利用图层来组织自己的图形或利用图层的特性如不同的颜色、线型和线宽来区分不同的对象。执行"编辑"→"图层控制"下各子菜单，可以对图层进行创建、删除、锁定/解锁、冻结/解冻，还可设置打印样式。利用此菜单，用户完全可以方便、快捷地设置图层的特性及控制图层的状态。

介绍图层控制子菜单前，先解释几个图层控制专用开关。

"打开/关闭"：用于控制图层的可见性。当关掉某一层后，该层上所有对象就不会在屏幕上显示，也不会被输出。但它仍存在于图形中，只是不可见。在刷新图形时，还是会计算它们。

"解冻/冻结"：用户可以冻结一个图层而不用关闭它。被冻结的图层也不可见。冻结与关闭的区别在于在系统刷新时，简单关闭掉的图层在系统刷新时仍会刷新，而冻结后的图层在屏幕刷新期间将不被考虑。但以后解冻时，屏幕会自动刷新。

"锁定/解锁"：已锁定的图层上的对象仍然可见，但不能用修改命令来编辑。当已锁定的图层被设置为当前层后，仍可在该图层上绘制对象、改变线型和颜色、冻结它们及使用对象捕捉模式。

下面介绍图层控制部分子菜单。

（1）图层设定。执行"编辑"→"图层控制"→"图层设定"命令，弹出"图层特性管理器"对话框，如图 4-25 所示。

CASS 所有图层都在图层管理器中，可根据直观的界面提示对图层进行各种设置。

图 4-25　"图层特性管理器"对话框

（2）冻结 ASSIST 层。冻结 CASS 的 ASSIST（骨架线）层，该操作通常是在要进行绘图打印时用到。

（3）打开 ASSIST 层。解冻 ASSIST（骨架线）层。上一操作的逆操作。

（4）实体层转换为目标实体层。将所选实体的图层转换为目标实体的图层。鼠标左键单击本菜单后，提示：

Select objects

用光标（此时变成一个小框）选择待转换的实体。

Select objects

继续选取，直接按回车键则结束选取。

Select object on destination layer or[type-it]

用光标选择目标实体或手工键入目标图层名。

（5）实体层转换为当前层。转换实体图层与上一菜单操作过程相似。不同的是，上一菜单中，所选实体层向所选目标实体层转换，而在本菜单中，所选实体图层转换到当前图层。

（6）仅留实体所在层。先用鼠标左键选取本菜单，再用光标选取实体，按回车键，则系统将关闭所有除所选实体图层外的图层。

4.4.6 数据处理

1. 坐标换带

坐标换带功能是实现大地坐标与高斯平面坐标的转换或图形转换。执行"数据"→"坐标换带"命令，弹出如图 4-26 所示对话框。进行单点转换时，需输入原坐标；进行批量转换时，需选择源坐标文件，并创建或选择目标坐标输出文件。如果转换前和转换后不在同一个椭球内，可以选择一个七参数进行转换。

2. 坐标转换

坐标转换功能是将图形或数据从一个坐标系转到另一个坐标系，只限于平面直角坐标系，且只是对图形或数据进行平移、旋转、拉伸转换，而不是坐标的换带计算。执行"地物编辑"→"坐标转换"命令后，系统会弹出如图 4-27 所示对话框。用户拾取两个或两个以上公共点就可以进行转换。

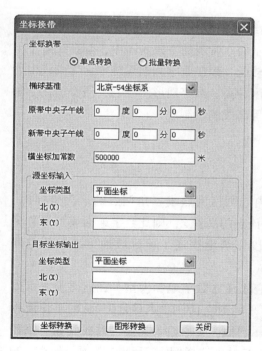

图 4-26 "坐标换带"对话框

图 4-27 "坐标转换"对话框

3. 测站改正

如果用户在外业不慎搞错了测站点或定向点，或者在测量控制前先测碎部点，可以应用此功能进行测站改正，以实现坐标的平移与旋转。

执行"地物编辑"→"测站改正"命令后，按命令行提示操作：

请指定纠正前第一点，输入或拾取改正前测站点，也可以是某已知正确位置的特征点，如房角点。

请指定纠正前第二点方向，输入或拾取改正前定向点，也可以是另一已知正确位置的特征点。

请指定纠正后第一点，输入或拾取测站点或特征点的正确位置。

请指定纠正后第二点方向，输入或拾取定向点或特征点的正确位置。

请选择要纠正的图形实体，用鼠标选择图形实体。

系统将自动对选中的图形实体做旋转平移，使其调整到正确位置，之后系统提示输入需要调整和调整后的数据文件名，可自动改正坐标数据，如不想改正，按"Esc"键即可。

4.5　等高线绘制与编辑

地形图要完整地表示地表形状，除了要准确绘制地物外，还要准确地表示出地貌起伏。在地形图中，地形起伏通常是用等高线来表示的。常规的平板测图中，等高线由手工描绘，虽然等高线可以描绘得比较光滑，但精度较低。而在数字测图系统中，等高线由计算机自动绘制，生成的等高线不仅光滑，而且精度较高。数字地形图绘制，通常是在绘制平面图的基础上，再绘制等高线。本节着重介绍等高线的绘制。

4.5.1　等高线绘制

1. 建立数字地面模型

数字地面模型(DTM)，是在一定区域范围内规则格网点或三角网点的平面坐标(x，y)和其地物性质的数据集合，如果此地物性质是该点的高程 Z，则此数字地面模型又称为数字高程模型(DEM)。这个数据集合从微分角度三维地描述了该区域地形地貌的空间分布。

我们在使用 CASS 7.0 自动生成等高线时，应先建立数字地面模型。在这之前，可以先"定显示区"及"展点"，"定显示区"的操作与"平面图绘制"中"点号定位"法的工作流程中的"定显示区"的操作相同，出现如图 4-28 所示界面，要求输入文件名时找到如下路径的数据文件"C：\CASS70\DEMO\DGX.DAT"。展点时可选择"展高程点"选项，如图4-29所示下拉菜单。

要求输入文件名时在"C：\CASS70\DEMO\DGX.DAT"路径下选择打开 DGX.DAT 文件，则命令区出现提示：

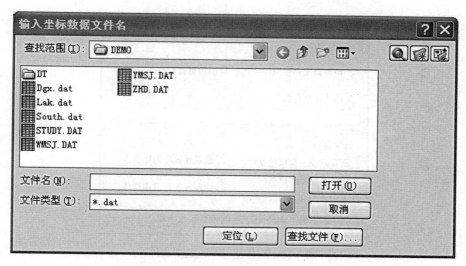

图 4-28 选择测点点号定位成图法的对话框

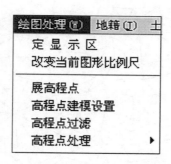

图 4-29 绘图处理下拉菜单

注记高程点的距离(米):根据规范要求输入高程点注记距离(即注记高程点的密度),按回车键默认为注记全部高程点的高程。这时,所有高程点和控制点的高程均自动展绘到图上。

执行"等高线"→"建立 DTM"命令,出现如图 4-30 所示的对话框。

选择建立 DTM 的方式,分为两种方式:由数据文件生成和由图面高程点生成,如果选择由数据文件生成,则在坐标数据文件名中选择坐标数据文件;如果选择由图面高程点生成,则在绘图区选择参加建立 DTM 的高程点。然后选择结果显示,分为三种:显示建三角网结果、显示建三角网过程和不显示三角网。最后,选择在建立 DTM 的过程中是否考虑陡坎和地性线。

点击"确定"后生成如图 4-31 所示的三角网。

2. 修改三角网

由于现实地貌的多样性和复杂性,自动构成的数字地面模型与实际地貌不太一致,如

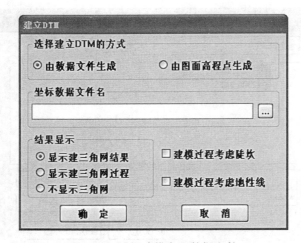

图 4-30　选择建模高程数据文件

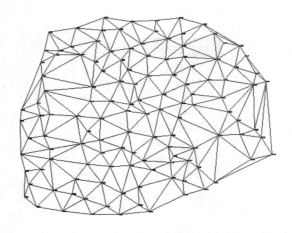

图 4-31　用 DGX. DAT 数据建立的三角网

楼顶上的控制点参与建模、三角形边横穿地性线(建模时没有选地性线)，这时可以通过修改三角网来修改这些局部不合理的地方。

(1)删除三角形。如果在某局部范围内没有等高线通过或三角形连接不合理，则可将其局部范围内相关的三角形删除。删除三角形时，可先将要删除三角形的局部放大，再执行"等高线"→"删除三角形"命令，当命令行提示："Select object:"，则可用鼠标选择要删除的三角形，如果误删，可用"U"命令将误删的三角形恢复。

(2)过滤三角形。可根据需要输入符合三角形中最小角的度数或三角形中最大边长最多大于最小边长的倍数等条件，过滤掉部分形状特殊的三角形。另外，如果生成的等高线不光滑，也可以用此功能将不符合要求的三角形过滤掉再生成等高线。

(3)增加三角形。依照屏幕的提示在要增加三角形的地方用鼠标点取，如果点取的地方没有高程点，系统会提示输入高程。

（4）三角形内插点。在三角形中指定点，可将此点与相邻的三角形顶点相连构成三角形，同时原三角形会自动被删除。

（5）删除三角形顶点。此功能可将所有由该点生成的三角形删除。这个功能常用在发现某一点坐标错误时，要将它从三角网中剔除的情况。

（6）重组三角形。指定两相邻三角形的公共边，系统自动将两三角形删除，并将两三角形的另两点连接起来构成两个新的三角形，这样做可以改变不合理的三角形连接。

修改完三角网后，执行"等高线"→"修改结果存盘"命令，把修改后的数字地面模型存盘，否则修改无效。当命令行显示"存盘结束！"时，表示操作成功。

3. 绘制等高线

完成本节的第一、第二步准备操作后，便可进行等高线绘制。等高线的绘制可以在绘平面图的基础上叠加，也可以在"新建图形"的状态下绘制。如在"新建图形"状态下绘制等高线，系统会提示您输入绘图比例尺。

用鼠标选择"等高线"下拉菜单的"绘制等值线"项，弹出如图4-32所示对话框：

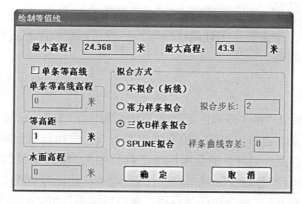

图 4-32 "绘制等值线"对话框

对话框中会显示参加生成 DTM 的高程点的最小高程和最大高程。如果只生成单条等高线，那么就在单条等高线高程中输入此条等高线的高程；如果生成多条等高线，则在等高距框中输入相邻两条等高线之间的等高距。

最后选择等高线的拟合方式。总共有四种拟合方式：不拟合(折线)、张力样条拟合、三次 B 样条拟合和 SPLINE 拟合。观察等高线效果时，可输入较大等高距并选择不光滑，以加快速度。如选拟合方法 2，则拟合步距以 2 米为宜，但这时生成的等高线数据量比较大，速度会稍慢。测点较密或等高线较密时，最好选择光滑方法 3，也可选择不光滑，过后再用"批量拟合"功能对等高线进行拟合。选择方法 4 则用标准 SPLINE 样条曲线来绘制等高线，提示"请输入样条曲线容差："<0.0>容差是曲线偏离理论点的允许差值，可直接按回车键。SPLINE 线的优点在于即使其被断开后仍然是样条曲线，可以进行后续编辑修改，缺点是较方法 3 容易发生线条交叉现象。

当命令区显示："绘制完成！"便完成绘制等高线的工作，效果如图 4-33 所示。

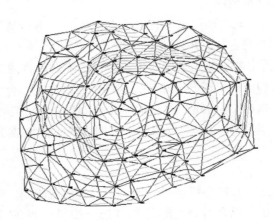

图 4-33　自动绘制的等高线

4.5.2　等高线的修饰

绘制完等高线后，常需要注记计曲线高程，另外还需要切除穿过建筑物、双线路、陡坎、高程注记等的等高线。

1. 注记等高线

"等高线注记"命令有"单个高程注记""沿直线高程注记""单个示坡线""沿直线示坡线"四个功能项。注记等高线之前，如果还没有展绘高程点，应执行"绘图处理"→"展高程点"命令，按需要展绘高程点。另外，通常用标准工具栏中的"窗口缩放"功能，得到如图 4-34 所示局部放大图，再执行"等高线"→"等高线注记"命令，注记等高线。如用"等高线"→"等高线注记"→"单个高程注记"命令注记等高线，命令行提示与相应的操作如下：

选择需注记的等高(深)线：移动鼠标至要注记高程的等高线位置，如图 4-34 中的位置 A，按鼠标左键。

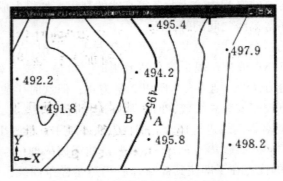

图 4-34　在等高线上注记高程

依法线方向指定相邻一条等高(深)线：移动鼠标至如图 4-34 的位置 B，再按鼠标左键。等高线的高程值自动注记在等高线上，字头自动朝向高处。

2. 等高线修剪

执行"等高线"→"等高线修剪"→"切除穿建筑物等高线"命令，弹出如图 4-35 所示对话框，设定相关选项，单击"确定"按钮后按输入的条件修剪等高线。

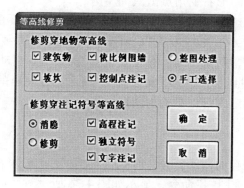

图 4-35　等高线修剪对话框

3. 切除指定二线间、指定区域等高线

按照制图规范，等高线不应穿过陡坎、建筑物等。执行"等高线"→"等高线修剪"下"切除指定二线间等高线"或"切除指定区域内等高线"命令，程序将自动切除指定等高线。应当注意，需要切除指定区域的等高线时，指定区域的封闭区域边界一定要是复合线。

4. 等值线滤波

此功能可在很大程度上精简绘制好等高线的图形文件。执行此功能后，命令行提示如下：

请输入滤波阈值：〈0.5 米〉

这个值越大，精简的程度就越大，但是会导致等高线失真(即变形)，因此可根据实际需要选择合适的值。一般选择系统默认的值。

4.6　数字地形图的整饰与输出

4.6.1　图形分幅与图幅整饰

1. 图形分幅

图形分幅前，首先应了解图形数据文件中的最小坐标和最大坐标。同时，应注意

CASS 7.0 信息栏显示的坐标前面为 Y 坐标（东方向），后面的为 X 坐标（北方向）。

执行"绘图处理"→"批量分幅"→"建立格网"命令，命令行提示及对应操作如下：

请选择图幅尺寸：（1）50*50（2）50*40（3）自定义尺寸〈1〉按要求选择。此处直接按回车键，默认选 1。

请输入分幅图目录名：输入分幅图存放的目录名，按回车键。如输入 d:\yxm\dlgs\。

输入测区一角：在图形左下角点击鼠标左键。

输入测区另一角：在图形右上角点击鼠标左键。

这样在所设目录下就产生了各个分幅图，自动以各个分幅图的左下角的东坐标和北坐标结合起来命名，如："29.50-39.50""29.50-40.00"等。如果要求输入分幅图目录名时，直接按回车键，则各个分幅图会自动保存在安装了 CASS 7.0 驱动器的根目录下。

选择"绘图处理"→"批量分幅"→"批量输出"命令，在弹出的对话框中确定输出的图幅的存储目录名，然后确定即可批量输出图形到指定目录。

2. 图幅整饰

先把图形分幅时所保存的图形打开，并执行"文件"→"加入 CASS 7.0 环境"命令。然后执行"绘图处理"→"标准图幅"命令，显示如图 4-36 所示对话框。

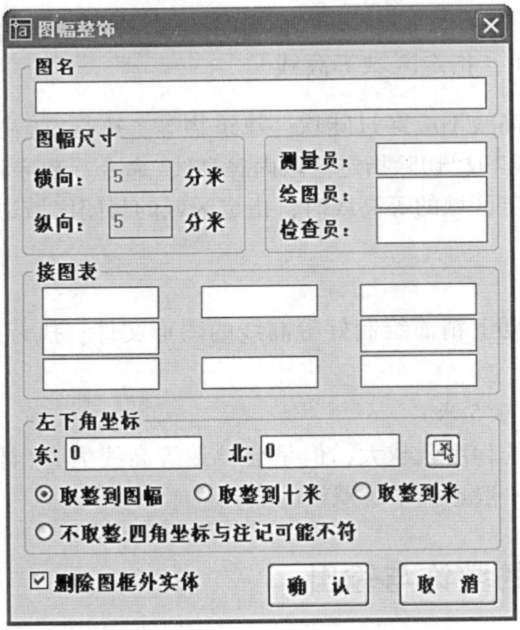

图 4-36　"图幅整饰"对话框

输入图幅的名称、邻近图名、测量员、绘图员、检查员，在左下角坐标的"东""北"栏内输入相应坐标，例如，此处输入"53000""31000"（最好拾取）。在"删除图框外实体"前打勾则可删除图框外实体，按实际要求选择。最后，用鼠标单击"确定"按钮即可得到加上标准图框的分幅地形图。

　　图廓外的单位名称、成图时间、执行图式和坐标系、高程基准等可以在加框前定制，即选择"文件"→"CASS 参数设置"→"图框设置"，在对话框中依实际情况填写单位名称、成图日期、坐标系等，定制符合实际的统一的图框。也可以直接打开图框文件，如打开"CASS 7.0\BLOCKS\AC50TK.DWG"文件，选择"工具"→"文字"下的"写文字""编辑文字"等功能，依实际情况编辑修改图框图形中的文字，不改名存盘，即可得到满足需要的图框。

4.6.2　绘图输出

　　地形图绘制完成后，可用绘图仪、打印机等设备输出。执行"文件"→"绘图输出"命令，在二级菜单里可完成相关的打印设置，并打印出图，详细内容参阅《CASS 7.0 参考手册》及《CASS 7.0 用户手册》。

4.7　数字地形图的应用

4.7.1　基本几何要素的查询

1. 查询指定点坐标

　　执行"工程应用"→"查询指定点坐标"命令，用鼠标点取所要查询的点即可，也可以先进入"点号定位"方式，再输入要查询的点号。

　　说明：系统左下角状态栏显示的坐标是笛卡儿坐标系中的坐标，与测量坐标系的 X 和 Y 的顺序相反。用此功能查询时，系统在命令行给出的 X、Y 是测量坐标系的值。

2. 查询两点距离及方位

　　执行"工程应用"→"查询两点距离及方位"命令，用鼠标分别点取所要查询的两点即可，也可以先进入"点号定位"方式，再输入两点的点号。

　　说明：CASS 7.0 所显示的坐标为实地坐标，因此所显示的两点间的距离为实地距离。

3. 查询线长

　　执行"工程应用"→"查询线长"命令，用鼠标点取图上线段、多段线或曲线。

4. 查询实体面积

　　执行"工程应用"→"查询实体面积"命令，用鼠标点取待查询的实体的边界线即可，要注意实体应该是闭合的。

5. 计算表面积

对于不规则地貌，其表面积很难通过常规的方法来计算，在这里可以通过建模的方法来计算。系统通过 DTM 建模，在三维空间内将高程点连接为带坡度的三角形，再通过每个三角形面积累加得到整个范围内不规则地貌的面积。如图 4-37 所示，计算四边形范围内地貌的表面积的操作界面。

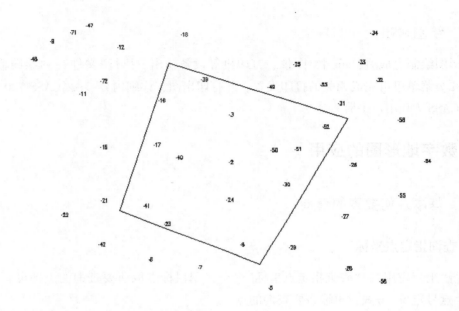

图 4-37　选定计算区域

执行"工程应用"→"计算表面积"→"根据坐标文件"命令，命令区提示及相应的操作或说明如下：

请选择：(1)根据坐标数据文件(2)根据图上高程点：

选择计算区域边界线：用拾取框选择图上的复合线边界，如图 4-37 所示；

请输入边界插值间隔(米)：<20>　输入在边界上插点的密度；

表面积＝15863.516 平方米，详见 surface. log 文件；计算结果 surface. log 文件保存在 \CASS70\SYSTEM 目录下面。

图 4-38 为建模计算表面积的结果。

另外，表面积还可以根据图上高程点计算，操作的步骤相同，但计算结果会有差异，因为由坐标文件计算时，边界上内插点的高程由全部的高程点参与计算得到，而由图上高程点来计算时，边界上内插点只与被选中的点有关，故边界上点的高程会影响到表面积的结果。到底用哪种方法计算合理与边界线周边的地形变化情况有关，变化越大的，越趋向于由图面上来选择。

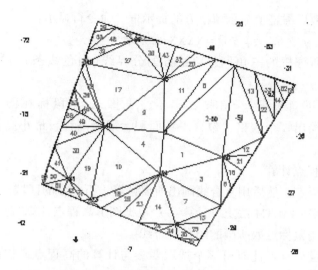

图 4-38　建模表面积计算的结果

4.7.2　土石方量的计算

1. DTM 法土石方量计算

由 DTM 模型来计算土石方量是根据实地测定的地面点坐标(X，Y，Z)和设计高程，通过生成三角网来计算每一个三棱锥的填挖方量，最后累计得到指定范围内填方和挖方的土石方量，并绘出填挖方分界线。

DTM 法土石方量计算共有三种方法，第一种是由坐标数据文件计算，第二种是依照图上高程点计算，第三种是依照图上的三角网计算。前两种算法包含重新建立三角网的过程，第三种方法直接采用图上已有的三角形，不再重建三角网。下面分述三种方法的操作过程：

1）根据坐标计算

用复合线画出所要计算土方的区域，一定要闭合，但是尽量不要拟合。因为拟合过的曲线在进行土方计算时会用折线迭代，影响计算结果的精度。

执行"工程应用"→"DTM 法土方计算"→"根据坐标文件"命令，提示：

选择边界线：用鼠标点取所画的闭合复合线，将弹出土石方计算参数设置对话框。

区域面积：该值为复合线围成的多边形的水平投影面积。

平场标高：指设计要达到的目标高程。

边界采样间隔：边界插值间隔的设定，默认值为 20 米。

边坡设置：选中处理边坡复选框后，则坡度设置功能变为可选，选中放坡的方式(向上或向下：指平场高程相对于实际地面高程的高低，平场高程高于地面高程则设置为向下放坡)，然后输入坡度值。

设置好计算参数后屏幕上显示填挖方的提示框，命令行显示：

挖方量＝XXXX 立方米，填方量＝XXXX 立方米

同时图上绘出所分析的三角网、填挖方的分界线（白色线条）。关闭对话框后系统提示：

请指定表格左下角位置：＜直接回车不绘表格＞，用鼠标在图上适当位置点击，CASS 7.0会在该处绘出一个表格，包含平场面积、最大高程、最小高程、平场标高、填方量、挖方量和图形。

2）根据图上高程点计算

首先要展绘高程点，然后用复合线画出所要计算土石方量的区域，要求同 DTM 法。

执行"工程应用"→"DTM 法土方计算"→"根据图上高程点计算"命令，提示：

选择边界线：用鼠标点取所画的闭合复合线。

选择高程点或控制点：此时可逐个选取要参与计算的高程点或控制点，也可拖框选择。如果键入"ALL"后按回车键，将选取图上所有已经绘出的高程点或控制点。弹出土方计算参数设置对话框，以下操作则与坐标计算法一样。

3）根据图上三角网计算

对已经生成的三角网进行必要的添加和删除，使结果更接近实际地形。

执行"工程应用"→"DTM 法土方计算"→"依图上三角网计算"命令，提示：

平场标高（米）：输入平整的目标高程；

请在图上选取三角网：用鼠标在图上选取三角形，可以逐个选取也可拉框批量选取。

按回车键后屏幕上显示填挖方的提示框，同时图上绘出所分析的三角网、填挖方的分界线（白色线条）。

注意：用此方法计算土石方量时不要求给定区域边界，因为系统会分析所有被选取的三角形，因此在选择三角形时一定要注意不要漏选或多选，否则计算结果有误，且很难检查出问题所在。

2. 方格网法土石方量计算

用 DTM 模型来计算土石方量是根据实地测定的地面点坐标（X，Y，Z）和设计高程，通过生成三角网来计算每一个三棱锥的填挖方量，最后累计得到指定范围内填方和挖方的土石方量，并绘出填挖方分界线。

由方格网来计算土石方量是根据实地测定的地面点坐标（X，Y，Z）和设计高程，通过生成方格网来计算每一个方格内的填挖方量，最后累计得到指定范围内填方和挖方的土石方量，并绘出填挖方分界线。

系统首先将方格的四个角上的高程相加（如果角上没有高程点，通过周围高程点内插得出其高程），取平均值与设计高程相减。然后通过指定的方格边长得到每个方格的面积，再用长方体的体积计算公式得到填挖方量。方格网法简便直观，易于操作，因此这一方法在实际工作中应用非常广泛。

用方格网法计算土石方量，设计面可以是平面，也可以是斜面，还可以是三角网。

1）设计面是平面时的操作步骤

用复合线画出所要计算土方的区域，一定要闭合，但是尽量不要拟合。因为拟合过的曲线在进行土方计算时会用折线迭代，影响计算结果的精度。

执行"工程应用"→"方格网法土石方计算"命令，命令行提示：

选择计算区域边界线，选择土石方计算区域的边界线（闭合复合线），屏幕上将弹出方格网土石方计算对话框，在对话框中选择所需的坐标文件；在"设计面"栏选择"平面"，并输入目标高程；在"方格宽度"栏输入方格网的宽度，这是每个方格的边长，默认值为20米。由原理可知，方格的宽度越小，计算精度越高。但如果给的值太小，超过了野外采集点的密度也是没有实际意义的。点击"确定"，命令行提示：

最小高程＝××.×××，最大高程＝××.×××

总填方＝××××.×立方米，总挖方＝×××.×立方米

同时图上绘出所分析的方格网，填挖方的分界线，并给出每个方格的填挖方，以及每行的挖方和每列的填方。

2）设计面是斜面时的操作步骤

设计面是斜面的时候，操作步骤与平面基本相同，区别在于在方格网土石方计算对话框中"设计面"栏中，选择"斜面'基准点'"或"斜面'基准线'"。

如果设计的面是斜面（基准点），需要确定坡度、基准点和向下方向一点的坐标，以及基准点的设计高程。点击"拾取"，命令行提示：

点取设计面基准点：确定设计面的基准点；

指定斜坡设计面向下的方向：点取斜坡设计面向下的方向；

如果设计的面是斜面（基准线），需要输入坡度并点取基准线的两个点以及基准线向下方向的一点，最后输入基准线上两个点的设计高程即可进行计算。点击"拾取"，命令行提示：

点取基准线第一点：点取基准线的一点；

点取基准线第二点：点取基准线的另一点；

指定设计高程低于基准线方向上的一点：指定基准线方向两侧低的一边；

屏幕上将显示方格网计算的成果（若不显示，选择工具栏"全屏显示"即可）。

3）设计面是三角网文件时的操作步骤

选择设计的三角网文件，点击"确定"，即可进行方格网土石方计算。

3. 区域土方平衡

土方平衡的功能常在场地平整时使用。当一个场地的土方平衡时，挖掉的土石方刚好等于填方量。以填挖方边界线为界，从较高处挖得的土石方直接填到区域内较低的地方，就可完成场地平整。这样可以大幅度减少运输费用。

在图上展出点，用复合线绘出需要进行土方平衡计算的边界。选择"工程应用"→"区

域土方平衡"→"根据坐标数据文件(根据图上高程点)"命令，如果要分析整个坐标数据文件，可直接按回车键，如果没有坐标数据文件，而只有图上的高程点，则选取图上高程点，命令行提示：

"选择边界线"，点取第一步所画闭合复合线。

"输入边界插值间隔(米)"：<20>。

这个值将决定边界上的取样密度，如前面所说，如果密度太大，超过了高程点的密度，实际意义并不大。一般用默认值即可。如果前面选择"根据坐标数据文件"，这里将弹出对话框，要求输入高程点坐标数据文件名，如果前面选择的是"根据图上高程点"，此时命令行将提示：

"选择高程点或控制点"：用鼠标选取参与计算的高程点或控制点，回车后弹出相应的对话框，同时命令行出现提示：

平场面积＝××××平方米

土方平衡高度＝×××米，挖方量＝×××立方米，填方量＝×××立方米

点击对话框的"确定"按钮，命令行提示：

请指定表格左下角位置：<直接回车不绘制表格>

在图上空白区域点击鼠标左键，图上将绘出计算结果表格。

第5章　数字地形测量学实习

数字地形测量学实习是"数字地形测量学"课程教学的重要组成部分，是巩固和深化课堂所学知识的必要环节。通过实习提高学生理论联系实际、分析问题与解决问题的能力以及实际动手能力，使学生养成严格认真的科学态度、实事求是的工作作风、吃苦耐劳的劳动态度以及团结协作的集体观念。同时，也使学生在业务组织能力和实际工作能力方面得到锻炼，为今后从事测绘工作打下良好基础。

实习中，学生应严格遵守第1章1.1节"实习的一般要求"、1.2节"测量仪器的使用规则"、1.3节"测量数据记录与计算规则"中的有关规定。

5.1　控制测量实习部分

5.1.1　实习目的与要求

(1)熟练掌握常用测量仪器(水准仪、全站仪)的使用。
(2)掌握二级导线测量和四等水准测量的观测和计算方法。

5.1.2　实习任务

1. 二级导线测量

二级导线测量的观测和计算工作。

2. 四等水准测量

(1)各小组对所用水准仪进行 i 角检验，并写出检验报告。
(2)各小组施测一条约 2km 的闭合水准路线。

3. 学生任务

为保证每个学生在实习中得到训练，规定每个学生必须完成如下任务：
(1)正确掌握全站仪的使用方法。按技术要求，完成不少于1个测站的角度观测和记录，以及一条导线的计算工作。
(2)正确掌握水准仪的使用方法。按技术要求，完成不少于1个测站水准测量的观测和记录，以及整条水准路线的高差配赋计算工作。

5.1.3 仪器、工具及资料准备

(1)工具包 1 个,记录板 1 块。

(2)全站仪(包括电池、充电器)1 台,棱镜标牌箱 2 个,脚架 3 个,2m 钢卷尺 1 把。

(3)DS3 水准仪(带脚架)1 台,水准尺 1 对(要求尺常数互不相同),尺垫 2 个。

(4)导线测量手簿、导线计算表、水准测量手簿和高差配赋表。

5.1.4 技术要求

实习主要参考我国《城市测量规范》(CJJ/T 8—2011)的技术要求,作业技术指标及限差如下:

1. 二级导线测量

1)选点

选择一高等级控制点作为起始点,选出一条约 2km(导线边为 9~11 条)的闭合导线。导线点应选在道路路边或其他相对安全(不得将点选在道路中间或滑坡上)而又便于仪器观测的地点。点位确定后要作好标记并统一编号,然后画出导线略图。

2)主要技术要求

导线的主要技术要求见表 5-1。

表 5-1 导线的主要技术要求

导线长度 (km)	平均边长 (km)	测距中误差 (mm)	测角中误差	导线全长 相对闭合差	方位角闭合差
2.4	0.2	≤±15	≤±8″	≤1/10000	≤ $16''\sqrt{n}$

测距的技术要求如表 5-2:

表 5-2 测距的技术要求

测距仪	观测次数		总测回数	一测回中 读数次数	一测回读数较差 (mm)	往返较差 (mm)
	往	返				
Ⅱ级	1	1	2	2	10	10

注:①导线转折角观测测回数:2 秒级仪器 1 测回(半测回互差限差为 12 秒);6 秒级仪器 3 测回(半测回互差限差为 30 秒,测回间互差限差为 24 秒)。

②导线边长的测量往返各测一次,每次读 2 次读数。

③气象数据的测定:温度最小读数为 0.5℃,气压最小读数为 100Pa(或 1mmHg),在时段始末各测定一次,取平均值作为各边测量的气象数据。

④Ⅱ测距仪指测距精度范围在 5mm~10mm 之间的测距仪。

3)导线计算

外业观测结束后，应对手簿进行全面检查，保证观测成果满足要求。然后利用导线计算表计算各点坐标。

2. 四等水准测量

1)i 角检验

测量前首先对水准仪进行 i 角检验，i 角不得大于 $20''$，并完成检验报告，内容包括：采用的检验方法、观测数据、检验结果及结论。

2)选点

原则上导线点和水准点选择相同，也可以适当调整水准点的位置和个数。选择一高程已知的水准点作为起始点，布设一条约 2km 的闭合水准路线。

水准点应选在基础稳定的点位上，尽可能选用已埋设的导线点。点位确定后要作好标记并编号，选用了导线点的，要和导线点编号一致。

3)观测

四等水准测量采用中丝读数法，进行往返观测，每站观测顺序为后—前—前—后，黑—黑—红—红。由往测转向返测时，两根标尺应互换位置，并应重新整置仪器。

四等水准测量测站观测限差见表 5-3。

表 5-3　四等水准测量测站观测限差

视线长度	前后视距差	前后视距累积差	黑红面读数差	黑红面高差之差	往返测高差不符值或环线闭合差
≤80m	≤5.0m	≤10.0m	≤3.0mm	≤5.0mm	≤$20\sqrt{L}$mm（平地）或 ≤$6\sqrt{n}$mm（山地）

注：L 为水准路线长度，单位：km，n 为测站数。

4)计算各点高程

外业观测结束后，应对手簿进行全面检查。检查合格后，利用高差配赋表进行平差计算，求得各点高程。

5.2　碎部测量实习部分

5.2.1　实习目的与要求

（1）了解平板仪测图与数字化测图的基本要求和成图过程。

（2）掌握上述两种测绘大比例尺地形图的作业方法。

（3）了解并掌握数字成图软件的使用。

107

5.2.2　实习任务

各小组测绘一幅 1∶500 比例尺的地形图，包括纸质成图与数字化成图。数字化成图中至少要有 1 个格网的内容为等高线表征的单纯地貌。

5.2.3　仪器工具

(1)除控制测量实习部分使用的仪器外，还需小平板 1 块(带脚架)、花杆 1 根、皮尺(30m)1 把、半圆仪 1 块。

(2)自备铅笔、橡皮、三角板、具有函数运算功能的计算器。

(3)控制点成果表、导线测量手簿、导线计算表、三角高程测量手簿、高程计算表、碎部点测量手簿。

5.2.4　技术要求

实习参考《城市测量规范》(CJJ/T 8—2011)和《国家基本比例尺地图图式第 1 部分：1∶500，1∶1000，1∶2000 地形图图式》的技术要求进行。

1. 一般规定

(1)测图比例尺为 1∶500，基本等高距为 1.0m。

(2)图上地物点相对于邻近图根点的点位中误差应不超过图上±0.5mm；邻近地物点间距中误差应不超过图上±0.4mm。

(3)高程注记点相对于邻近图根点的高程中误差不得大于±0.15m。

2. 图根控制测量

1)平面控制测量

在测区内进行踏勘、设计、选点，宜在高级点间布设附合导线或闭合导线。

图根控制点应选在土质坚实、便于保存的地方。要方便安置仪器，通视良好便于测角和测距，视野开阔便于施测碎部的地方。要避免选在道路中间。

图根点选定后，应立即打桩，并在桩顶钉一小钉或画"+"作为标志；或用油漆在地上画"⊕"作为标志并编号。编号可用四位数，如 2 班 3 组选的 8 号点，编号可为 2308。

图根导线测量的技术要求应符合表 5-4 的规定。

表 5-4　图根导线测量的技术要求

附合导线长度 (m)	平均边长 (m)	导线相对闭合差	测回数 DJ6/DJ2	方位角闭合差
900	80	≤1/4000	1	$\leqslant 40'' \sqrt{n}$

注：①n 为测站数。测距：单程观测 1 测回，读数较差≤10mm。测角：使用 DJ2 时，半测回互差限

差为 12 秒；使用 DJ6 时，半测回互差限差为 30 秒。

②因地形限制图根导线无法附合时可布设成支导线。支导线不多于四条边，长度不超过 450m，最大边长不超过 160m。边长可单程观测一测回。水平角观测首站应联测两个已知方向，观测一测回，其固定角不符值不应超过±40″；其他站水平角观测一测回。

③图根导线计算时角值取至秒，边长和坐标取至厘米。

2）高程控制测量

图根点高程可用图根水准或图根光电测距三角高程测量方法测定，实习采用图根光电测距三角高程测量方法。图根三角高程导线应起闭于高等级高程控制点上，可沿图根点布设为附合路线或闭合路线。

图根光电测距三角高程测量的技术要求应符合表 5-5 的规定。测距边长的要求同图根导线。

表 5-5　三角高程测量的技术要求

中丝法测回数 DJ6/DJ6	竖盘指标差	竖角较差、 指标差较差	对向观测高 差较差（m）	附合路线或环线高差 闭合差（mm）
对向观测 1	≤60″	≤25″	≤0.4×S	≤ 40 $\sqrt{D}$

注：①S 为改正后的斜距（km），D 为品平距边长（km）；仪器高和棱镜中心高应准确至毫米。
②计算三角高程时，角度应取至秒，高差取至厘米。

3. 平板仪测图

1）绘制方格网

在聚酯薄膜上，使用打磨后的 3H 铅笔，按坐标格网尺法绘制 40cm×40cm 或 50cm×50cm 坐标方格网，格网边长为 10cm，其格式可参照地形图图示。

2）数据采集和成图过程

按照第 2 章实验十二"经纬仪测绘法"的方法与步骤，测绘大比例尺地形图。

3）地形碎部测量的一般要求

（1）设站时，仪器对中误差不大于 5mm，照准一图根点作为起始方向，观测另一图根点作为检核，算得检核点的平面位置误差不应大于图上 0.2mm。仪器高和棱镜高应准确至毫米。

（2）水平角、竖直角仅仪器盘左观测。每站测图过程中，每测 50～100 个碎部点，应进行一次水平角归零检查，归零差不应大于 2′，否则两次归零检查之间所测的全部碎部点成果作废，要重新安置仪器进行碎部点测量。

（3）碎部点的测量要将测区内的地形、地物特征点按一定的密度要求测出。要对各点作详细属性记录，便于内业手动勾绘地图或计算机制图。高程注记点应分布均匀，图上间距为 3cm，平坦及地形简单地区可放宽至 1.5 倍。高程注记至厘米。

（4）手动记录数据时，角度读记至秒，光电测距的距离读记至毫米，光电测距最大长度为 300m。如采用经纬仪视距测量，经纬仪中丝要尽可能照准水准尺黑面上等同仪器高的位置（可预先在尺面上进行标示），然后再读取上、下丝读数（估读至毫米）。在中丝不能照准水准尺上等仪器高的位置时，要读取上、中、下三丝读数。视距最大长度平地为 100m，山地为 50m，见表 5-6。

表 5-6　碎部点间距和最大视距

测图比例尺	地形点间最大间距（m）	最大视距（m）	
		主要地物点	次要地物点和地形点
1∶500	15	60	100
1∶1000	30	100	150

4. 数字化测图

1）准备工作

仔细检查碎部测量将要使用的测量仪器。用全站仪施测时，应对输入的控制点成果数据进行显示检查。

2）数据采集和成图过程

按照实验十二中"全站仪测绘法"的方法与步骤，进行外业数据采集。

数字地图的绘制是在外业完成或阶段性完成后，在计算机上借助成图软件编辑生成。数字成图软件采用南方测绘公司研制的 CASS 软件，也可采用其他数字测图软件系统。

3）地形碎部测量的一般要求

除了要满足平板仪测图第三点的一般要求外，"全站仪加成图软件的数字测图"成图过程还需要注意：

①外业只需使用全站仪观测并存储数据，点位的坐标由仪器或后处理软件自动计算生成，地图绘制是在外业完成或阶段性完成后，在计算机上借助成图软件编辑生成。

②全站仪数字测图时，地形较复杂的地方应在采集数据的现场，实时绘制草图以方便内业地图编辑；要科学、详细地确定碎部点编号、地形码和信息码。

③每天工作结束后应及时对采集的数据参照草图进行检查。若数据记录有错误，可修改测点编号、地形码和信息码，但严禁修改观测数据，否则须返工重测。对错漏数据要及时补测，超限的数据应重测。数据文件应及时存盘并备份。

④对外业采集的数据集中进行计算机处理，并在人机交互方式下进行地形图编辑，生成数字地形图图形文件，在绘图仪上输出 1∶500 地形图。在仪器设备条件不成熟的情况下，数字测图可以采用经纬仪测记法实施，即关于碎部点的坐标数据文件和属性编码文件由手动输入计算机，再采用制图软件完成地图编辑。

5. 地物取舍和测绘方法

1）地物的综合取舍原则

（1）地物综合取舍的目的是在保证用图需要的前提下，使地形图更清晰易读。基本指导思想是：除少数特殊的有重要意义的地物之外，一般地物的尺寸小到图上难以清晰表示时，就有必要对其进行综合取舍，且综合取舍不会给用图带来重大影响。

（2）测量控制点是测绘地形图的主要依据，在图上应精确表示。

（3）斜坡在图上投影宽度小于 2mm 用陡坎符号表示。当坡、坎比高小于 0.25m 或在图上长度小于 5mm 时，可不表示。

2）房屋与建筑物的测绘

（1）测量房屋以房屋墙基角为准，外廓为直角形的房屋，至少测量三个基角点，并检查它们是否构成直角。每座建筑物至少有一个高程注记点，并应注记其层数及结构（如砖混、框架等）。对大比例尺地形图而言，原则上应独立测绘出每座永久建筑物。

（2）居民地有各种各样的名称，如村名、单位名、小区名等，在调查核实后，应予以注记。

（3）有合理规划的居民区，房屋排列整齐规则，各个房屋外形相同，只需测量少量外轮廓点，配合细部尺寸的丈量，即可绘出整排房屋。

（4）建筑物和围墙轮廓凹凸小于图上 0.4mm，简单房屋小于 0.6mm 时，可用直线连接。

3）道路的测绘

（1）道路包括公路、铁路、城镇中的街道、乡间的大路和小路及其附属物，如桥梁、隧道、涵洞、路堤、路堑、排水沟、里程碑、标志牌等。道路及其附属物均须测绘，临时性的便道不测绘，并行的多条小路择其主要的测绘。

（2）道路在图上均以比例尺缩小的真实宽度双线表示。道路的边界线明显的，可以在一侧边界立尺测绘，丈量路宽绘出另一侧的边界线。曲线段及拐弯处应减小立尺点的间距，直线段可适当加大。铁路轨顶（曲线段为内轨）、公路路面中心、道路交叉处、桥面等必须测注高程。边界不明显的道路，测量其中心线，从中心线向两侧丈量至边界距离，然后绘出道路边界线。

（3）沿道路两侧排列的以及其他成行的树木均用"行树"符号表示。符号间距视具体情况可放大或缩小。

4）水系测绘

（1）水系是另一类特征明显的地物，它们包括江河湖海、溪流沟渠、池塘水库、泉井等，及其相关的水工建筑物，如堤、水坝、桥、水闸、码头、渡口等。

（2）河流、湖泊、池塘、水库按实际边界测绘，有堤的按堤岸测绘，并注记水面高程。溪流须测绘测量时的流水线，并适当注记高程和流向。堤坝要测注顶面与坡脚的高程。

（3）测绘水系时，沿水系界线在起点、转折点、弯曲点、交叉点、终点立尺测定。当河流的宽度小于图上 0.5mm，沟渠实际宽度小于 1m 时，以单线表示并注明流向。

（4）井、泉视具体情况测绘，水乡地区除有名的井泉外，一般不予测绘。沙漠干旱地区所有泉眼皆需测绘。泉井必须标注测绘时的水面高程。同样，水乡的溪流沟渠可酌情综合取舍。

5）管线及墙栅的测绘

（1）管线是指露在地面的管道、高压电力线、通信线等；墙栅是指城墙、围墙、栅栏、铁丝网、篱笆等。管线类测绘时，均测绘支撑物，如高压线的电杆，用符号表示。

（2）电线杆位置应实测，可不连线，但应绘出电线连线方向。

（3）架空的、地面上的管道均应实测，并注记传输物质名称。地下管线检修井、消防栓应测绘表示。

6）植被区域的测绘

（1）在地形图上应反映各种植物的分布状况。当地类界线与线状地物重合时，可略去地类界线。

（2）在各地类界圈定的范围内，应填绘相应的植被符号，必要时还可配以文字说明和高程注记。农田要用不同的地类符号区分种植的不同作物的地块和土地的特性，如水稻、旱地、菜地等。

（3）田埂在图上的宽度大于 1m 时用双线表示，各地块内应测注代表性的高程点。

7）注记

（1）要求对各种名称、说明注记和数字注记准确注出。图上所有居民地、道路、街巷、山岭、沟谷、河流等自然地理名称，以及主要单位等名称，均应调查核实，有法定名称的应以法定名称为准，并应正确注记。

（2）地形图上高程注记点应分布均匀，丘陵地区高程注记点间距为图上 2~3cm。

（3）山顶、鞍部、山脊、山脚、谷底、谷口、沟底、沟口、凹地、台地、河川湖池岸旁、水涯线上以及其他地面倾斜变换处，均应测高程注记点。

（4）基本等高距为 0.5 米时，高程注记点应注至厘米；基本等高距大于 0.5 米时可注至分米。

8）地形要素的配合

（1）当两个地物中心重合或接近，难以同时准确表示时，可将较重要的地物准确表示，次要地物移位 0.3mm 或缩小 1/3 表示。

（2）独立性地物与房屋、道路、水系等其他地物重合时，可中断其他地物符号，间隔 0.3mm，将独立性地物完整绘出。

（3）房屋或围墙等高出地面的建筑物，直接建筑在陡坎或斜坡上且建筑物边线与陡坎上沿线重合的，可用建筑物边线代替坡坎上沿线；当坎坡上沿线距建筑物边线很近时，可移位间隔 0.3mm 表示。

（4）悬空建筑在水上的房屋与水涯线重合，可间断水涯线，房屋照常绘出。

(5)水涯线与陡坎重合,可用陡坎边线代替水涯线;水涯线与斜坡脚线重合,仍应在坡脚将水涯线绘出。

(6)双线道路与房屋、围墙等高出地面的建筑物边线重合时,可以建筑物边线代替道路边线。道路边线与建筑物的接头处应间隔0.3mm。

(7)地类界与地面上有实物的线状符号重合,可省略不绘;与地面无实物的线状符号(如架空管线、等高线等)重合时,可将地类界移位0.3mm绘出。

(8)等高线遇到房屋及其他建筑物,双线道路、路堤、路堑、坑穴、陡坎、斜坡、湖泊、双线河以及注记等均应中断。

9)地物测绘时的跑尺方法

(1)分类跑尺法是测绘地形时,针对不同类的地物分类测绘,立尺时专立同一类地物,例如专测道路或专测房屋。它的优点是各类地物混杂碎部点很多时,有利于画板员正确连绘地物,避免连错线。缺点是分类跑尺在对不同类地物分类分批立尺时,会造成所跑路线重复,在同等数量碎部点的条件下,增加立尺员的跑尺路线的长度。

(2)分区跑尺法是将所测绘地区分成若干片,立尺员一次跑一片,将同一片内的各类地物点按顺路的顺序一次立完。其优点是立尺员的跑路量最少。缺点是各类地物点混杂,画板员很可能连错地物轮廓线。

(3)兼顾式跑尺法是上述两种方法的综合运用。例如在立尺某线状地物时,可顺便将线路上及其近旁的独立地物立尺测绘。在测绘房屋时顺便将街道测绘。

6. 地貌的测绘

1)选择地貌特征点

地貌特征点应选在山顶、鞍部,山脊、山谷、山脚等地性线上的变坡点,地性线的转折点、方向变化点、交点;平地的变坡线的起点、终点、变向点;特殊地貌的起点、终点等。

立尺员除正确选择特征点立尺外,还应报告地性线的走向等有关信息,以便绘图员正确连接地性线。原则上地性线的起点、终点、坡度方向变化点都应当立尺测定。绘图员依据已测定的点及时正确地连绘地性线,逐步形成勾绘等高线的骨架。

2)地貌特征点的测绘

地貌测绘跑尺方法有等高线路法、地性线法和分片法。

(1)等高线路法是沿着高程接近的线路连续立尺,当某高度的一排点测完时,向上或向下立另一排点。该方法可以节省跑尺员的体力,降低劳动强度,同时也能加快跑尺的速度,从而提高测绘地形图的效率。

(2)地性线法是沿同一山脊、山谷等地性线连续立尺,立完一条才立另一条。它的优点是能及时完整地绘出地性线,使地貌的描绘真实准确。反复地沿地性线上下跑动将增大立尺员的劳动强度。

(3)分片法是将每个测站待测地域分成几片,由各立尺员分片包干,其优点是遗漏点的可能性降低。在地貌变化特复杂的地区与第二种方法结合使用最合适。

7. 成图质量检查

对成图图面应按规范要求进行检查。检查方法为室内检查、实地巡视检查及设站检查。检查中发现的错误和遗漏应予以纠正和补测。

5.3　测设实习部分

在已绘制好的地图上，设计一座建筑物或构筑物，并计算或标定此建筑物或构筑物特征点的坐标，将设计的建筑物或构筑物测设到地面上。

(1)计算测设数据：每个小组在自己的测区内，根据控制点与所设计的建筑物或构筑物的位置关系，计算测设数据。

(2)现场施工测设：测设数据计算完成后，在施工现场(自己测区内)将设计的建筑物或构筑物采用直角坐标法或极坐标法测设到地面上。

(3)施工测设检查：施工测设完成后，利用全站仪通过测量水平角度和水平距离，来检查所测设的点的位置。测量距离与设计距离之差的相对误差不大于1/5000；水平角度误差不大于±60″，否则应进行归化放样或重新测设。

5.4　时间分配、上交资料与成绩评定

5.4.1　时间分配

数字测图实习时间为3周，各阶段实习时间分配大致如表5-7所示：

表 5-7　实习时间

实习内容	3 周时
布置实习任务、领取仪器、仪器检校	0.5
测区踏勘、选点	0.5
控制测量实习(水准)	2
控制测量实习(导线)	2
碎部测量(图根控制测量)	2
碎部测量(平板仪测图)	2.5
碎部测量(数字化测图)	2.5
测设	1
考核，归还仪器，完成报告	2
合计	15

5.4.2　上交资料

1. 小组提交资料

（1）水准仪 i 角检验报告一份；

（2）四等水准测量手簿、水准路线图、高差配赋表；

（3）二级导线测量手簿、导线略图、导线计算表；

（4）图根导线测量手簿、导线略图、导线计算表；

（5）图根三角高程测量手簿、高差计算表、高差配赋表；

（6）控制点成果表（平面坐标与高程）；

（7）支导线记录计算表；

（8）碎部测量手簿、数字化测图原始数据文件（碎部点坐标文件）；

（9）点位测设表；

（10）1∶500 的纸质地图（聚酯薄膜）（加上测设图形）；

（11）1∶500 的数字化图（dwg 格式的电子图，以及 A3 打印的纸质图）。

2. 个人提交资料

（1）实习报告；

（2）导线计算表、高程计算表。（可以要求每人假定一套起始数据，各不相同）

5.4.3　实习成绩评定方法

实习成绩按百分制记载。

评定学生实习成绩主要依据以下四项：

（1）实习期间的表现。主要包括：出勤率、实习态度、是否遵守学校及本次实习所规定的各项纪律、爱护仪器工具的情况。

（2）操作技能。主要包括：对理论知识的掌握程度，使用仪器的熟练程度，作业程序是否符合规范要求。

（3）手簿、计算成果和成图质量。主要包括：手簿和各种计算表格是否完好无损，书写是否工整清晰，手簿有无擦拭、涂改，数据计算是否正确。各项较差、闭合差是否在规定范围内。地形图上各类地形要素的精度及表示是否符合要求，文字说明注记是否规范等。

（4）实习报告。主要包括：实习报告的编写格式和内容是否符合要求，字迹是否工整，是否体现一定的编写水平和分析问题、解决问题的能力。

（5）指导教师应按照以上四项所规定的内容，评定每个学生的实习成绩。

学生如有以下情况时，指导教师还可以视情况严重程度给予处理：

（1）实习中不论何种原因，发生摔损仪器事故，其主要责任人的实习成绩降 1~2 档次，同组成员连带一定责任者应适当降低成绩。

（2）实习中凡违反实习纪律，缺勤超过三次；实习中发生打架事件；私自离开实习基地外出；未交成果资料和实习报告等，成绩均记为 0 分。

指导教师在巡视中应注意了解、观察学生实习中的情况，必要时还可根据所带班级实习的整体情况，进行口试、笔试、仪器操作考核以及碎部测图点检核。考核内容由指导教师自行确定，考核成绩作为评定学生实习成绩的重要依据。

不及格学生按学校规定转到下一届学生班重新实习。

参 考 文 献

[1]杨晓明，余代俊，董斌，等．数字测图原理与技术[M]．北京：测绘出版社，2014.

[2]顾孝烈，鲍峰，程效军．测量学[M].4版．上海：同济大学出版社，2014.

[3]刘福臻，齐华，李永和．数字化测图教程[M]．成都：西南交通大学出版社，2008.

[4]花向红，邹进贵．数字测图实验与实习教程[M]．武汉：武汉大学出版社，2009.

[5]付建红．数字测图与GNSS测量实习教程[M]．武汉：武汉大学出版社，2015.

[6]潘正风，程效军，成枢，等．数字测图原理与方法习题和实验[M].2版．武汉：武汉大学出版社，2013.

[7]李晓丽．测量学实验与实习[M].2版．北京：测绘出版社，2013.

[8]黄朝禧．测量学实验指导[M]．北京：中国农业出版社，2012.

[9]王登杰，段琪庆．现代测量学实验与实习[M]．北京：中国水利水电出版社，2012.

[10]张序，连达军，刘彤，等．测量学实验与实习[M]．南京：东南大学出版社，2007.

[11]程效军，须叮兴，刘春．测量实习教程[M]．上海：同济大学出版社，2005.

[12]赵喜江，杨承杰．测量学实践[M]．徐州：中国矿业大学出版社，2008.

附录一 测量实验报告

数字测图

实验报告

学　　校＿＿＿＿＿＿＿＿＿＿＿＿＿

专　　业＿＿＿＿＿＿＿＿＿＿＿＿＿

班　　级＿＿＿＿＿＿＿＿＿＿＿＿＿

小　　组＿＿＿＿＿＿＿＿＿＿＿＿＿

学　　号＿＿＿＿＿＿＿＿＿＿＿＿＿

姓　　名＿＿＿＿＿＿＿＿＿＿＿＿＿

同组成员姓名＿＿＿＿＿＿＿＿＿＿＿

＿＿＿＿＿＿＿＿＿＿＿

＿＿＿＿＿＿＿＿＿＿＿

指导教师＿＿＿＿＿＿＿＿＿＿＿＿＿

20　年　月　日

附录二 各种测量表格

附录表1 水准仪的认识与使用

仪器_____   日期_____   班组_____   姓名_____

1. 标明仪器部件的名称。

（1）光学水准仪：

1._____；2._____；3._____；4._____；
5._____；6._____；7._____；8._____；
9._____；10._____；11._____；
12._____；13._____；14._____；

（2）自动安平水准仪：

1._____；2._____；3._____；4._____；
5._____；6._____；7._____；8._____；

119

2. 用箭头标明如何转动三只脚螺旋，使下图所示的圆水准气泡居中。

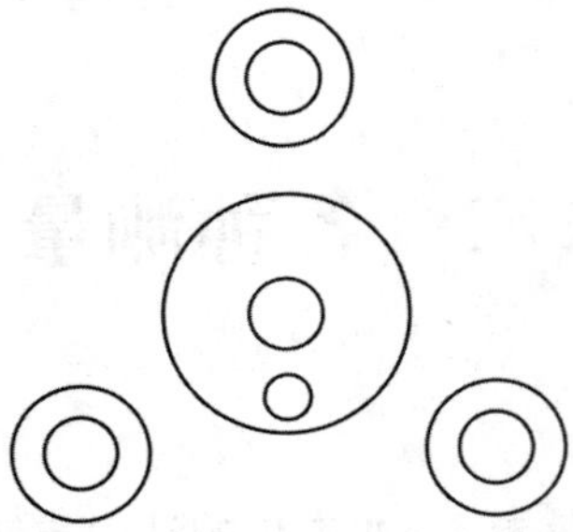

3. 对光消除视差的步骤是：转动_____使_____清晰，再转动_____螺旋使清晰。如发现_____现象，说明存在_____，则必须再转动_____，直至_____面和_____面重合。

4. 用微倾式水准仪进行水准测量时，除了使_____气泡居中外，读数前还必须转动_____ _____螺旋，使_____气泡居中，才能读数。若使下图气泡影像符合，请用箭头标出操作螺旋的转动方向。

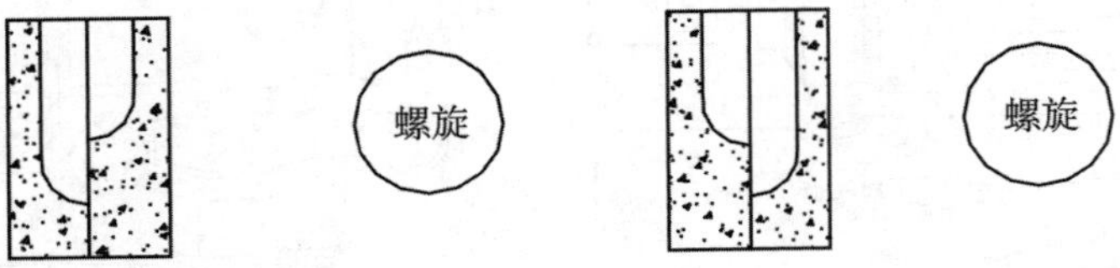

5. 观测练习记录：

点　　号	后视读数（mm）	前视读数（mm）	高　　差(m)		备　　注
			+	−	

附录表 2　光学经纬仪的认识和使用

仪器型号＿＿＿＿＿＿＿＿＿　　班组＿＿＿＿＿＿＿＿　　观测者＿＿＿＿＿＿＿＿＿＿
仪器编号＿＿＿＿＿＿＿＿＿　　日期＿＿＿＿＿＿＿＿　　记录员＿＿＿＿＿＿＿＿＿＿

1. 在下图引出的线上注明该部件的名称：

1. ＿＿＿＿＿＿＿＿＿；2. ＿＿＿＿＿＿＿＿＿；3. ＿＿＿＿＿＿＿＿＿；4. ＿＿＿＿＿＿＿＿＿；
5. ＿＿＿＿＿＿＿＿＿；6. ＿＿＿＿＿＿＿＿＿；7. ＿＿＿＿＿＿＿＿＿；8. ＿＿＿＿＿＿＿＿＿；
9. ＿＿＿＿＿＿＿；10. ＿＿＿＿＿＿；11. ＿＿＿＿＿＿＿；12. ＿＿＿＿＿＿；13. ＿＿＿＿＿＿＿；
14. ＿＿＿＿＿＿；15. ＿＿＿＿＿＿；16. ＿＿＿＿＿＿＿；17. ＿＿＿＿＿＿；18. ＿＿＿＿＿＿＿；
19. ＿＿＿＿＿＿；20. ＿＿＿＿＿＿；21. ＿＿＿＿＿＿＿。

2. 从读数窗中观察到分微尺的最小格值为＿＿＿＿＿＿＿＿秒。
3. 观测记录练习：

测　站	目　标	盘　左	盘　右	备　注

附录表 3　电子经纬仪的认识和使用

仪器型号＿＿＿＿＿＿＿＿　班组＿＿＿＿＿＿＿＿＿　观测者＿＿＿＿＿＿＿＿＿＿
仪器编号＿＿＿＿＿＿＿＿　日期＿＿＿＿＿＿＿＿＿　记录员＿＿＿＿＿＿＿＿＿＿

1. 在下图引出的线上注明该部件的名称：

1.＿＿＿＿＿＿＿＿＿；2.＿＿＿＿＿＿＿＿；3.＿＿＿＿＿＿＿＿；4.＿＿＿＿＿＿＿；
5.＿＿＿＿＿＿＿＿＿；6.＿＿＿＿＿＿＿＿；7.＿＿＿＿＿＿＿＿；8.＿＿＿＿＿＿＿；
9.＿＿＿＿＿＿＿＿＿；10.＿＿＿＿＿＿＿；11.＿＿＿＿＿＿＿；12.＿＿＿＿＿＿＿；
13.＿＿＿＿＿＿＿＿；14.＿＿＿＿＿＿＿；15.＿＿＿＿＿＿＿；16.＿＿＿＿＿＿＿；
17.＿＿＿＿＿＿＿＿；18.＿＿＿＿＿＿＿；19.＿＿＿＿＿＿＿。

2. 观测记录练习：

测　站	目　标	盘　左	盘　右	备　注

附录表 4 全站仪的认识与使用

仪器型号 _____ 班组 _____ 观测者 _____

仪器编号 _____ 日期 _____ 记录员 _____

1. 在下图引出的线上注明该部件的名称：

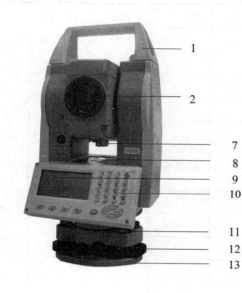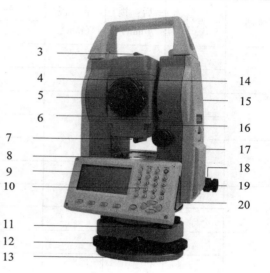

1. _____ ; 2. _____ ; 3. _____ ; 4. _____ ;

5. _____ ; 6. _____ ; 7. _____ ; 8. _____ ;

9. _____ ; 10. _____ ; 11. _____ ; 12. _____ ; 13. _____ ;

14. _____ ; 15. _____ ; 16. _____ ; 17. _____ ; 18. _____ ;

19. _____ ; 20. _____

测站 （仪器高）	目标 （棱镜高）	竖盘 位置	水平角观测		竖角观测		距离测量		
			水平度盘读数	方向值	竖盘读数	竖直角	斜距 /m	平距 /m	高差 /m
			° ′ ″	° ′ ″	° ′ ″	° ′ ″			

附录表 5-1　普通水准测量记录表

自_____　测至_____　日期_____　观测者_____
仪器_____　天气_____　班组_____　记录员_____

测站	点号	后　视（mm）	前　视（mm）	高　差(m)		平均高差（m）	高　程（m）	备　注
				+	−			
计算校核	$\sum a =$　　　　　$\sum b =$ $\sum h =$ $f_h =$　　　　　$f_{h允} = \pm 12\sqrt{n} =$　　　　（n 为测站数）							

附录表 5-2　高差误差配赋表

日期 _____　　班组 _____　　计算者 _____　　检查者 _____

点号	距离或测站	高差中数（mm）		改正数（mm）		改正后高差（mm）		高程（m）	备注
		+	−	+	−	+	−		
Σ									
辅助计算	$f_h =$ 　　　　　$f_{h允} = \pm 12\sqrt{n} =$ 　　　　（n 为测站数）
略图	

125

附录表 6-1　四等水准测量记录表

自 _____　测至 _____　日期 _____　观测员 _____
仪器 _____　天气 _____　班组 _____　记录员 _____

测站编号	点号	后尺 上丝 下丝	前尺 上丝 下丝	方向及尺号	水准尺读数（mm） 黑面	红面	K+黑-红 $K_{47}=4\,787$ $K_{46}=4\,687$	平均高差（m）	备注
		后视距	前视距						
		视距差 d	累计差 $\sum d$						
		(1)	(4)	后视	(3)	(8)	(14)		
		(2)	(5)	前视	(6)	(7)	(13)		
		(9)	(10)	后-前	(15)	(16)	(17)	(18)	
		(11)	(12)						
				后视					
				前视					
				后-前					
				后视					
				前视					
				后-前					
				后视					
				前视					
				后-前					
				后视					
				前视					
				后-前					
每页校核									

附录表 6-2　高差误差配赋表

日期＿＿＿＿＿＿＿　　　班组＿＿＿＿＿＿＿＿　　　计算者＿＿＿＿＿＿　　　检查者＿＿＿＿＿＿

点号	距离或测站	高差中数(mm)		改正数(mm)		改正后高差(mm)		高程(m)	备注
		+	−	+	−	+	−		
Σ									

辅助计算	$f_h =$ 　　　　　　$f_{h允} = \pm 20\sqrt{L} =$ 　　　　　　(L 单位为 km)
略图	

附录表 7-1 测回法水平角观测记录表

仪器_____ 天气_____ 班组_____ 观测者_____
测站_____ 成像_____ 日期_____ 记录者_____

测回	竖盘位置	目标	水平度盘读数 ° ′ ″	半测回角值 ° ′ ″	较差 ″	一测回角值 ° ′ ″
	左					
	右					
	左					
	右					
	左					
	右					
	左					
	右					
	左					
	右					

各测回角值最大互差   各测回角值的平均

附录表 7-2 方向观测法水平角记录表

测站 _____ 日期 _____ 班组 _____

仪器 _____ 天气 _____ 观测者 _____

时间 _____ 成像 _____ 记录者 _____

方
向
略
图

测回	目标	水平度盘读数		左-右 (2C)	一测回平均方向	归零后方向值	各测回平均方向
		盘左	盘右				
		° ′ ″	° ′ ″	″	° ′ ″	° ′ ″	° ′ ″

附录表 7-3　竖直角观测记录

仪器 _____　　班组 _____　　观测者 _____
天气 _____　　日期 _____　　记录者 _____

测站	目标	竖盘位置	竖盘读数 ° ′ ″	半测回垂直角值 ° ′ ″	指标差 ′ ″	一测回垂直角值 ° ′ ″	备注
		左					
		右					
		左					
		右					
		左					
		右					
		左					
		右					
		左					
		右					
		左					
		右					
		左					
		右					
		左					
		右					
		左					
		右					
		左					
		右					
		左					
		右					

附录表 8-1　导线测量记录表

仪器＿＿＿＿　日期＿＿＿＿　班　组＿＿＿＿　观测者＿＿＿＿＿＿＿

钢尺＿＿＿＿　天气＿＿＿＿　记录者＿＿＿＿　量距者＿＿＿＿＿＿＿

测站	竖盘位置	目标	水平度盘读数 ° ′ ″	半测回角值 ° ′ ″	一测回角值 ° ′ ″	边号	往测 返测 m	平均距离 m

附录表 8-2　闭合导线计算表

点号	转折角 (° ′ ″)	改正后转折角 (° ′ ″)	坐标方位角 α(° ′ ″)	边长 D(m)	增量计算值(m)		改正后计算值(m)		坐标(m)		点号
					Δx	Δy	Δx	Δy	X	Y	

$\sum \beta_测 =$

$\sum \beta_理 =$

$f_\beta = \sum \beta_测 - \sum \beta_理 =$

$\sum D =$

$f_{\beta允} = \pm 60'' \sqrt{n} =$

$f_x =$

$f_y =$

$f = \sqrt{f_x^2 + f_y^2} =$

$T = \dfrac{f}{\sum D}$

附录表 8-3　附合导线计算表

点号	转折角 (° ′ ″)	改正后转折角 (° ′ ″)	坐标方位角 α(° ′ ″)	边　长 D(m)	增量计算值(m)		改正后计算值(m)		坐　标(m)		点号
					Δx	Δy	Δx	Δy	X	Y	

$\sum \beta_{测} =$

$\sum \beta_{理} =$

$f_\beta = \sum \beta_测 - \sum \beta_理 =$

$\sum D =$

$f_{\beta允} = \pm 60'' \sqrt{n} =$

$f_x =$

$f_y =$

$f = \sqrt{f_x^2 + f_y^2} =$

$T = \dfrac{f}{\sum D}$

附录表 9-1　对向三角高程测量记录表

仪器＿＿＿＿　日期＿＿＿＿　天气＿＿＿＿　班组＿＿＿＿　观测者＿＿＿＿　记录者＿＿＿＿

测站点	测站点仪器高 (m)	观测点	观测点觇标高 (m)	盘位	竖盘读数 (°′″)	半测回竖直角 (°′″)	指标差 (″)	一测回竖直角 (°′″)	单测平距 D(m)	一测回平距 D(m)	备注
				左							
				右							
				左							
				右							
				左							
				右							
				左							
				右							
				左							
				右							
				左							
				右							
				左							
				右							
				左							
				右							

附录表 9-2　对向三角高程测量高差计算表

日期＿＿＿＿＿　　　班组＿＿＿＿＿　　　计算者＿＿＿＿＿　　　检查者＿＿＿＿＿

起算点								
待定点								
往返测	往	返	往	返	往	返	往	返
平距 D（m）								
竖直角 α								
$D\tan\alpha$								
仪器高 i（m）								
目标高 l（m）								
两差改正 f（m）								
单向高差（m）								
平均高差（m）								

附录表 9-3　对向三角高程测量高差调整和高差计算表

日期＿＿＿＿＿＿　班组＿＿＿＿＿＿　计算者＿＿＿＿＿＿　检查者＿＿＿＿＿

点号	水平距离 （m）	观测高差 （m）	改正值 （m）	改正后高差 （m）	高程 （m）
高差闭合差及 允许闭合差					

附录表 10-1　碎部测量记录表（经纬仪测绘法）

测站＿＿＿＿＿　测站高程＿＿＿＿＿　日期＿＿＿＿＿　观测者＿＿＿＿＿＿＿＿＿

仪器＿＿＿＿＿　仪器高 i＿＿＿＿＿　班组＿＿＿＿＿　记录者＿＿＿＿＿＿＿＿＿

点号	水平角 β(°′)	下丝读数 a 上丝读数 b	中丝读数 v	竖盘读数 (°′)	竖角 α (°′)	水平距离 (m)	高差 h (m)	高程 H (m)	备注

附录表 10-2 碎部测量记录表(全站仪测绘法)

测站_____ 测站高程_____ 日期_____ 观测者_____

仪器_____ 仪器高 i_____ 班组_____ 记录者_____

碎部测量表(一)

点号	代码	水平角 (°′)	水平距离 (m)	X坐标 (m)	Y坐标 (m)	高程 H (m)	备注

碎部测量表(二)

点号	代 码	水平角 (° ′)	水平距离 (m)	X 坐标 (m)	Y 坐标 (m)	高程 H (m)	备注

草图格式

班级_____组号_____组长(签名)_____仪器_____编号_____

观测员_____绘草图员_____立镜员_____日期:_____年____月____日

测站点名____A____坐标:$x =$_____ $y =$_____ $H =$_____

后视点名____B____AB方位角:_____

仪器高_____草图起始点号_____草图终止点号_____

北方向
↑

附录表 11 南方 CASS 软件的认识和使用

姓名_____ 学号_____ 班级_____ 日期_____

【实验名称】

【目的与要求】

【仪器和工具】

【主要步骤】

【实验体会与心得】

附录表 12　南方 CASS 软件绘制地形图

姓名＿＿＿＿＿＿　　学号＿＿＿＿＿＿＿　　班级＿＿＿＿＿＿　　日期＿＿＿＿＿＿

【实验名称】

【目的与要求】

【仪器和工具】

【主要步骤】

【实验体会与心得】

附录表 13　数字地形图应用

姓名_____　学号_____　班级_____　日期_____

【实验名称】

【目的与要求】

【仪器和工具】

【主要步骤】

【实验体会与心得】

附录表 14　水准仪的检验与校正

仪器型号＿＿＿＿＿＿＿＿＿　　班组＿＿＿＿＿＿＿＿＿　　检验者＿＿＿＿＿＿＿＿＿＿

仪器编号＿＿＿＿＿＿＿＿＿　　日期＿＿＿＿＿＿＿＿＿　　记录员＿＿＿＿＿＿＿＿＿＿

1. 一般性检验结果是：三脚架＿＿＿＿＿＿＿＿＿＿＿＿＿，制动与微动螺旋＿＿＿＿＿＿＿＿＿＿＿，
   微倾螺旋＿＿＿＿＿＿＿＿，对光螺旋＿＿＿＿＿＿＿＿，脚螺旋＿＿＿＿＿＿＿＿＿＿＿，望远
   镜成像＿＿＿＿＿＿＿＿＿。

2. 水准仪的主要轴线有＿＿＿＿＿＿＿＿＿＿＿＿＿＿＿＿＿＿＿＿＿＿＿＿＿，它们之间的正确
   几何关系是＿＿＿＿＿＿＿＿＿＿＿＿＿＿＿＿＿＿＿＿＿＿＿＿＿＿。

3. 在对圆水准器轴与仪器竖轴是否平行的检校过程中，请用虚圆圈绘出下列情况下的气泡位置：（a）
   仪器整平后；（b）仪器转 180°后；（c）校正法时，用＿＿＿＿＿＿＿＿＿＿＿＿校正气泡偏离的＿＿
   ＿＿＿＿＿＿＿＿＿＿后；（d）用＿＿＿＿＿＿＿＿＿调整气泡偏离的＿＿＿＿＿＿＿＿＿＿后；
   （e）仪器转 180°再检验时。

a　　　　b　　　　c　　　　d　　　　e

4. 在对十字丝横丝与仪器轴是否垂直的检校过程中，请在下图中绘出十字横丝与目标点的位置关系。

5. 对水准管轴与视准轴是否平行的检校记录:

仪器 位置	项　　目	第 一 次	第 二 次	第 三 次
在中点 测高差	A 点尺上读数 a_1			
	B 点尺上读数 b_1			
	$h_{AB} = a_1 - b_1$			
在 A 点 附 近 检 校	A 点尺上读数 a_2			
	B 点尺上读数 b_2			
	$b'_2 = a_2 - h_{AB}$			
	偏差值 $\Delta b = b_2 - b'_2$			
	$i' = \dfrac{|\Delta b|}{D_{AB}} \cdot \rho''$			

备注(略图):

附录表 15 经纬仪的检验与校正

仪器型号 _____ 班组 _____ 检验者 _____

仪器编号 _____ 日期 _____ 记录者 _____

1. 一般性检验结果是：三脚架 _____，水平制动与微动螺旋 _____，望远镜制动
   与微动螺旋 _____，照准部转动 _____，望远镜转动 _____，望远镜
   成像 _____，脚螺旋 _____。

2. 经纬仪的主要轴线 _____。
   它们之间正确的几何关系是 _____。

3. 在对照准部水准管与仪器竖轴是否垂直的检校中，整平后照准部转动 180° 时气泡偏离正确位置
   _____格，校正时拨动水准管螺丝，使气泡退回 _____格；再转动
   使气泡居中。

整平并转动180°后气泡位置

校正后气泡位置

4. 绘图说明十字丝与照准部横轴是否垂直的检校情况。

5. 望远镜视准轴与照准部横轴不垂直时，在观测中反映出的误差为＿＿＿＿＿＿＿＿。

(1) 用方法一检验时，照准远处大致水平的一点进行盘左、盘右观测，得水平度盘读数分别为

　　$a_{左} = $ ＿＿＿＿＿＿＿＿　　$a_{右} = $ ＿＿＿＿＿＿＿＿，则照准误差的计算公式和数值为

　　$c = $ ＿＿＿＿＿＿＿＿

　　校正时仍在盘右位置水平度盘读数应为 $a'_{右} = $ ＿＿＿＿＿＿＿＿，校正方法是：

(2) 绘图说明方法二的检校过程和方法。

6. 绘图说明仪器的横轴与竖轴是否垂直的检校过程和方法。

附录表 16　全站仪的检验与校正

仪器型号＿＿＿＿＿＿＿＿＿　　班组＿＿＿＿＿＿＿＿＿　　检验者＿＿＿＿＿＿＿＿＿＿＿＿

仪器编号＿＿＿＿＿＿＿＿＿　　日期＿＿＿＿＿＿＿＿＿　　记录者＿＿＿＿＿＿＿＿＿＿＿＿

1. 一般性检验结果是：

三脚架情况：＿＿＿＿＿＿＿＿＿；水平制动与微动螺旋：＿＿＿＿＿＿＿＿＿；望远镜制动与微动螺旋：＿＿＿＿＿＿＿；照准部转动：＿＿＿＿＿＿＿＿＿；望远镜转动：＿＿＿＿＿＿＿＿；望远镜成像：＿＿＿＿＿＿＿；脚螺旋：＿＿＿＿＿＿＿＿＿。

2. 照准部水准管轴垂直于竖轴的检验：

仪器整平后	旋转 180°后	气泡偏离格数	检验次数	结论

3. 圆水准器轴平行于纵轴的检验：

用虚线圆圈标示气泡位置	仪器整平后	旋转 180°后	用脚螺旋调整后	用校正针调整后

4. 十字丝竖丝垂直于横轴的检验：

初始位置望远镜视场图（用×标示目标在视场中的位置）	终了位置望远镜视场图（用×标示位置，用虚线表示移动轨迹）	气泡偏离格数	检验次数	结论

5. 视准轴垂直于横轴的检验：

盘左读数 L' =　　　　　　　　　　　　　盘右读数 R' =

视准轴误差 $c = \dfrac{1}{2}(L' - R' \pm 180°)$ =

盘右目标点应有的正确读数：$R = R' + c = \dfrac{1}{2}(L' + R' \pm 180°)$ =

6. 横轴垂直于竖轴的检验：

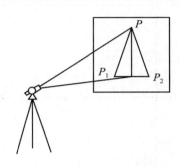

d =

D =

α =

$i = \dfrac{P_1 P_2}{2D\tan\alpha} \cdot \rho''$ =

7. 激光对点器的检验：

检验次数	1	2	3	平均	结论
旋转 180° 后的偏距(mm)					
改变仪器高后旋转 180° 后的偏距(mm)					

附录表 17 点位的测设

日期_____ 班组_____ 观测者_____ 记录者_____

点位放样数据计算表

点号	坐标值		坐标差		坐标方位角 (° ′ ″)	线名	应测设的水平角 (° ′ ″)	应测设的水平距离 (m)
	x(m)	y(m)	Δx(m)	Δy(m)				
测设略图	_____为已知点，_____为测设点。							

水准放样计算表

水准点点号	高程 (m)	设计点点号	高程 (m)	后视读数 (m)	仪器视线高 (m)	前视读数 (m)	示意图

附录表 18-1　纵断面水准测量记录

仪器_____　日期_____　班组_____　观测者_____　记录者_____

测站	桩号	水准尺读数			高差（m）		视线高程（m）	高程（m）
		后视	前视	中间视	+	−		

附录表 18-2 横断面水准测量记录

仪器_____ 日期_____ 班组_____ 观测者_____ 记录者_____

左侧			里程桩号 水准尺读数	右侧		
间距 （m）	高差 （m）	水准尺 读数		水准尺 读数	高差 （m）	间距 （m）

附录表 19-1　圆曲线主点的测设记录

转折点号＿＿＿＿＿　日期＿＿＿＿＿＿＿＿　观测者＿＿＿＿＿＿＿＿＿＿
仪　　器＿＿＿＿＿　班组＿＿＿＿＿＿＿＿　记录者＿＿＿＿＿＿＿＿＿＿

测回	度盘位置	观测点名	水平度盘读数 (° ′ ″)	半测回角值 (° ′ ″)	一测回角值 (° ′ ″)	略　图
						转角 α

曲线的主要元素及点桩号计算			
曲线半径 R		切曲差 q	
切线长 $T = R\tan\dfrac{\alpha}{2}$		起点 ZY 的里程	
曲线长 $L = r \cdot \alpha \cdot \dfrac{\pi}{180}$		中点 QZ 的里程	
外矢距 $E = R\left(\sec\dfrac{\alpha}{2} - 1\right)$		终点 YZ 的里程	
备注			

附录表 19-2 圆曲线细部点测设记录

转折点号＿＿＿＿＿＿＿ 日期＿＿＿＿＿＿＿＿＿＿＿ 观测者＿＿＿＿＿＿＿＿＿＿

仪 器＿＿＿＿＿＿ 班组＿＿＿＿＿＿＿＿＿＿＿ 记录者＿＿＿＿＿＿＿＿＿＿

点号	里程桩号	弧长（m）	支 距 法		偏 角 法		备注
			x（m）	y（m）	弦长（m）	偏角值（° ′ ″）